防空地下室通风系统设计施工与维护管理

耿世彬　马吉民　主编

中国建筑工业出版社

图书在版编目（CIP）数据

防空地下室通风系统设计施工与维护管理/耿世彬，
马吉民主编. —北京：中国建筑工业出版社，2020.7（2023.2重印）
ISBN 978-7-112-25091-2

Ⅰ. ①防…　Ⅱ. ①耿…②马…　Ⅲ. ①人防地下建筑
物-通风设备-建筑设计②人防地下建筑物-通风设备-
建筑施工③人防地下建筑物-通风设备-维修　Ⅳ.
①TU927

中国版本图书馆 CIP 数据核字（2020）第 077364 号

　　本书共 11 个章节，分别是：绪论、防空地下室通风系统组成、防空地下室通风防护设备、防空地下室通风量及管道计算方法、柴油发电机房通风系统、防空地下室防火排烟、防空地下室自然通风、防空地下室通风设计要点及案例、防空地下室通风系统施工图审查、防空地下室战时通风系统安装与验收、防空地下室通风系统维护管理。本书从人防工程的基本概念入手，介绍了防空地下室通风系统的组成、设计、审查、安装验收、运行及维护管理，力求深入浅出、突出职业技能的应用。

　　本书可作为从事防空地下室通风专业设计、施工图审查、施工安装、质检、监理及维护管理专业技术人员的训练教材和自学用书，也可作为高等院校人防通风专业学生的教材或参考用书。

　　　　责任编辑：齐庆梅
　　　　文字编辑：胡欣蕊
　　　　责任校对：焦　乐

防空地下室通风系统设计施工与维护管理
耿世彬　马吉民　主编

*

中国建筑工业出版社出版、发行（北京海淀三里河路 9 号）
各地新华书店、建筑书店经销
霸州市顺浩图文科技发展有限公司制版
北京建筑工业印刷厂印刷

*

开本：787 毫米×1092 毫米　1/16　印张：11¾　字数：283 千字
2020 年 10 月第一版　　2023 年 2 月第二次印刷
定价：**49.00** 元
ISBN 978-7-112-25091-2
（35845）

前　　言

随着国家经济实力提升，城市建设规模不断扩大，城市地下空间开发利用愈来愈受到重视。人防工程建设与城市建设协调发展，防空地下室的建设面积和规模得到快速发展，人防工程尤其是防空地下室设计、施工、监理、维护人员从业队伍空前壮大。当前，随着人防工程设计和审查等管理体制的改革，为更多的人员从事人防工程相关专业领域的工作提供了机会，但由于历史和行业管理体制的影响，有关人防工程的公开出版资料较少，给人防工程从业人员的学习和进修带来不便。

本书是在编者编写的内部培训教材《全国人防防护工程师考试培训教材——暖通专业》、院校训练教材《人防工程通风系统与设备》基础上充实完善而成的，教材内容符合国家和人防现行标准要求。第 1 章概括介绍了人防工程概论、核生化武器效应、通风与防化基本要求。第 2～7 章介绍了防空地下室通风系统的基本理论、系统组成、设备原理、设计计算方法等，系统介绍了工程设计所涉及的基本理论和方法。第 8 章以案例的形式，介绍了不同类型的防空地下室设计计算方法。第 9 章参照相关规范要求，介绍了防空地下室通风施工图审查的相关要求。第 10 章介绍了防空地下室战时通风设备设施的施工安装方法与验收要求。第 11 章介绍了防空地下室战时使用的通风设备维护管理方法和要求。

本书可作为从事防空地下室通风专业设计、施工图审查、施工安装、质检、监理及维护管理专业技术人员的训练教材和自学用书，也可作为高等院校人防通风专业学生的教材或参考用书。

本书由耿世彬、马吉民主编，连慧亮、王瑞海、董娴、李永、马浩天等参与了本书的编写工作，编写过程中得到了业内专家同行的支持和帮助，在此表示衷心感谢。

由于编者水平有限，难免存在错误和疏漏，恳请读者给予批评和指正。

目　录

第1章 绪 论

1.1 人防工程概述

1.1.1 建设要求

人民防空是指国家根据需要动员和组织群众采取防护措施及防范和减轻空袭灾害的行为，简称"人防"。国外把保护平民不受战争灾害或自然灾害危害的救助行为称为"民防"。

人防工程全称为人民防空工程，它是战时掩蔽人员和物资，保护人民生命和财产安全的重要场所，也是实施人民防空最重要的物质基础。人防工程包括为保障战时人员与物资掩蔽、人民防空指挥、医疗救护等单独建设的地下防护建筑，以及结合地面建筑修建战时可用于防空的地下室。

对于单个人防工程的建设，要求"防护可靠、保障使用、适于生存"。防护可靠，是指对空袭的毁伤效应及次生灾害具有较高的防护能力；保障使用，是指在战时能为掩蔽人员提供必要的使用条件，如内部空间条件、设备设施条件等；适于生存，是指战时工程内应有较好的环境条件，如设置通风、给水排水、电气等设备系统，以保障人员生存。

对于人防工程体系建设，要求"规模适当、布局合理、防护可靠、功能完善、平战结合"。规模适当，要求为战时留城人员每人修建一个掩蔽位置，即每人修建 $1m^2$ 面积（不小于 $2m^3$ 的地下空间）符合防空要求的地下掩蔽工程；布局合理，即要求城市及辖属各区、各行业系统的防护分区，各类人防工程的位置合理，布局大体均衡；防护可靠，则要求所有人防工程必须按照国家规定的防护标准修建，保证工程质量；功能完善，就是要保障战时人员在工程内生存的基本环境条件，要配置通风、给水排水和电气等设备系统，战时还要配置防化设备和器材，大型人防工程还应配置自备发电设备和水源，以保证人员的基本生存条件；平战结合，是指平时充分开发利用已建人民防空工程设施，发挥社会效益和经济效益，同时做好平战功能转换的准备，保证一有战事立即转换成战时使用功能。城市地下交通和其他地下工程建设以及地下空间开发利用，都必须兼顾人民防空的需要，符合人民防空的要求，保证战时能够用于掩蔽人员或物资。

1.1.2 分类

1. 按构筑方式和所在的地形条件分类

按构筑方式和所在地形条件人防工程可分为：坑道式、地道式和掘开式。

坑道式：建筑于山地或丘陵地，其大部分主体地面高于或与最低出入口基本呈水平的暗挖式人防工程，如图 1-1 (a) 所示。

地道式：建筑于平地，其大部分主体地面明显低于出入口的暗挖式人防工程，如图 1-1 (b) 所示。

掘开式：采用明挖法施工建造的人防工程。掘开式人防工程又分为单建式和附建式。单建式，其上方没有永久性地面建筑物的人防工程，也称单建掘开式，参见图 1-1 (c)。附建式，即防空地下室，在其上方有永久性地面建筑物的人防工程，参见图 1-1 (d)。

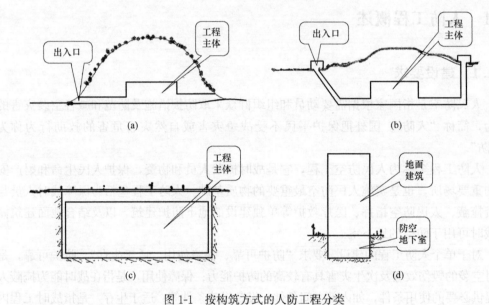

图 1-1 按构筑方式的人防工程分类
(a) 坑道式人防工程；(b) 地道式人防工程；(c) 掘开式人防工程（单建式）；(d) 掘开式人防工程（附建式）

2. 按战时使用功能分类

按战时使用功能人防工程可分为：指挥通信工程、医疗救护工程、防空专业队工程、人员掩蔽工程和配套工程等五大类。

指挥通信工程：保障人防指挥机关战时工作的人防工程。

医疗救护工程：医疗救护工程是战时对伤员独立开展早期救治工作的人防工程。医疗救护工程根据作用的不同可分为三等：一等为中心医院，二等为急救医院，三等为救护站。

防空专业队工程：防空专业队工程是战时保障各类专业队掩蔽和执行勤务而修建的人防工程。防空专业队包括抢险抢修、医疗救护、消防、治安、防化防疫、通信、运输等七种。其主要任务是：展示担负抢险抢修、医疗救护、防火灭火、防疫灭菌、消毒和消除沾染、保障通信联络、抢救人员和抢运物资、维护社会治安等任务，平时参与防汛、防震等，担负抢险救灾任务。

人员掩蔽工程：战时供人员掩蔽使用的人防工程。根据使用对象的不同，人员掩蔽工程分为两个等级，一等人员掩蔽工程是供战时坚持工作的政府机关、城市生活重要保障部门（电信、供电、供气、供水、食品等）、重要厂矿企业的人员掩蔽工程。二等人员掩蔽工程是为战时留城的普通居民掩蔽所。

配套工程：战时用于协调防空作业的保障性工程，主要有：区域电站、供水站、食品站、人防物资库、人防汽车库、生产车间、人防交通干（支）道、警报站和核生化监测中心等。

3. 按平时使用功能分类

人防工程平时使用功能很多，主要用于地下车库（汽车库、自行车库等）、地下商业设施（地下商场、地下街等）、地下娱乐场所（地下舞厅、茶座和酒吧等）和地下交通设施（地铁、隧道）等。

1.1.3 分级

1. 抗力分级

人防工程的抗力等级主要用以反映人防工程能够抵御敌人核武器和常规武器袭击能力的强弱，其性质与地面建筑的抗震裂度有些类似，是一种国家设防能力的体现。人防工程的使用功能与抗力等级之间有某种联系，但它们之间并没有一一对应的关系。如人员掩蔽工程可以是 5 级，也可以是 6 级。某抗力等级的人防工程对应的防核爆冲击波地面超压值的大小和相应的防护要求，根据国家制订的相关战术技术要求确定。

2. 防化分级

人防工程的防化分级，是以人防工程对生化武器的不同防护标准和防护要求划分等级，防化等级反映了对生化武器和放射性沾染等相应武器（或杀伤破坏因素）的防护。防化等级是根据人防工程的使用功能确定的，与抗力等级没有直接关系，例如 5 级或 6 级医疗救护工程的防化等级均为乙级，而 5 级或 6 级物资库的防化等级均为丁级。

1.2 核生化武器效应简介

1.2.1 核武器

核武器是利用能自持进行原子核裂变或聚变反应瞬间释放的能量，产生爆炸作用并有巨大杀伤破坏效应武器的总称。其中，利用铀 235 或钚 239 等原子核的链式或裂变反应原理制成的武器，叫裂变武器，通常称作原子弹；利用重氢（氘）、超重氢（氚）等氢原子核的热核聚变反应制成的核武器，叫聚变武器或热核武器，通常称作氢弹。此外，还有交错利用上述两种核反应原理制成的特殊性能的核武器。

1. 核武器的特点

（1）威力巨大。核武器的威力远比只装化学炸药的常规武器要大得多。研究证明，1kg 铀全部裂变后释放的能量，比相同质量的 TNT 炸药爆炸释放的能量大约 2000 倍。

由于有这一特点，在战场上使用核武器的一方，就能以最少的兵力兵器，在最短的时间内，造成敌方人力物力最大的损失。如实施1枚TNT当量为2.5万t的核弹空中爆炸，只需1枚导弹或1架飞机，在几秒钟之内就可使暴露在$9km^2$面积上的敌人有生力量丧失战斗力，是常规弹头杀伤面积的450倍。

（2）效应全。核武器种类齐全，具有大量而又全面的毁伤破坏作用。在各类核武器中，当量等级从百吨到千万吨不等，爆炸方式从地下、水下到超高空不同，既有一般性能的核弹，又有特殊性能的核弹。实施核打击时，可根据作战的需要，选择不同类型的核武器，采取最有效的方式，杀伤暴露配置在$0.5km^2$～几百平方千米面积上的敌方有生力量，迅速可靠地摧毁敌方的坚固目标，在短时间内急剧地改变战场上的兵力对比，形成对自己有利的态势。

（3）反应快。核武器爆炸时，核反应过程十分迅速，在微秒级的时间内即可完成，并在爆心周围形成极高的温度，加热并压缩周围空气使之急骤膨胀，产生核爆炸的冲击波。地面和空中爆炸时，还会形成闪光和火球，发出强烈的光辐射。核反应产生各种射线和放射性物质碎片，向外辐射的强脉冲射线与周围物质相互作用产生电子流，电子流的增长和消失可产生核电磁脉冲。它们产生的杀伤破坏效应在几秒到几十秒钟内即可完成。

（4）作用范围广。核武器在地面或空中爆炸时，可瞬间产生能干扰破坏电气、通信系统的核电磁脉冲，作用范围可达几千米。超高空大当量爆炸时，作用范围更为宽广。如1枚百万吨级的核弹在几百千米的高空爆炸，其核电磁脉冲的作用可达1200km。核武器地面和低空爆炸时，还可产生放射性沾染，下风方向沾染的范围可长约近百千米，宽约几千米至几十千米，面积可达几百到几千平方千米，因此能在数小时甚至数天内迟滞敌方部队的行动。

（5）对环境破坏严重。核武器地面和低空爆炸后产生的高温、高压及冲击波，能摧毁作用范围内的一切生物，放射性沾染将长时间地污染环境。大规模的核战争还会对地球气候造成严重破坏，导致出现"核冬天"。根据科学家的估算，如果在一场核战争中使用了总共50亿t以上释放相同能量的核武器，不仅将有20亿人成为直接受害者，而且会因掀起的大量微尘和大火产生的滚滚浓烟使世界上的气候发生重大变化，地面温度将平均下降10%，并持续数周。

（6）心理震慑力强。核武器威力巨大，具有强大的精神威胁和心理震撼作用。这种作用主要表现在三个方面：①有核国家对无核国家的核讹诈和核威胁，如抗美援朝战争中，称要对中国使用原子弹；②有核国家相互威胁和制约，任何一方都不敢贸然率先发动核战争，而极力去追求一种核均衡。如冷战时期美国的"星球大战"计划，1998年印度与巴基斯坦两国的11次核试验。"核大战中将没有胜利者"已成为核大国的共识。③核武器制约了战争的规模。一旦发生世界大战，核武器将极有可能投入战场；反之，在局部战争中使用核武器，也极有可能使战争升级为世界大战。这会导致核冬天的出现，对人类生存是极大的威胁。

2. 核爆炸的威力

核武器有许多种类，其杀伤破坏效应因爆炸方式和威力等级不同而有很大的区别。

科学地区分核武器爆炸的威力等级和方式，对于正确地选择使用核武器，以及防御核袭击并尽可能地减少其伤害，具有重要的意义。

核武器的爆炸威力。通常用释放相同能量的 TNT 炸药的质量来表示，简称当量。如第一次核试验原子弹爆炸释放的能量，相当于 2 万 t TNT 炸药爆炸时所释放的能量，该原子弹的威力就是 2 万 t TNT 当量。核武器爆炸的威力通常按当量区分等级，如万吨级、千万吨级。在实际运用中，各国军队的划分方法有所不同。

3. 核爆炸的外观景象

核武器爆炸的外观景象主要由爆炸方式来决定，因方式不同外观景象有很大的不同。核武器在大气层爆炸会依次出现闪光、火球、蘑菇状烟云，还能听到核爆炸响声。

（1）空中核爆炸的外观景象。空中核爆炸时，在瞬间可看到极强烈的闪光，时间不超过 1s。闪光过后随即出现圆而明亮的火球，随后火球不断地增大上升，并因地面反射冲击波的作用，呈上圆下平底面向内凹陷的馒头状。火球熄灭后，冷却成为灰白色或棕褐色的烟云，继续以一定的速度膨胀和上升；同时，在爆心投影点附近地面掀起巨大的尘柱，并在一段时间后追及烟云，形成高大的蘑菇状烟云。

（2）地面核爆炸的外观景象。地面核爆炸与空中核爆炸的外观景象有所不同，其火球接触地面，近似呈半球形，烟云棕褐色，尘柱粗大并与火球连接在一起上升。在火球触地的范围内，土壤和其他地面物质被熔化，大量土石碎块被抛出并形成弹坑，在较远距离上往往可以连续听到几次响声。

（3）水面核爆炸的外观景象。与地面核爆炸基本相同，首先出现闪光接着出现半球形火球。所不同的是随火球升起的不是尘柱而是水柱和水雾，但高度较低。之后，形成巨大的浪涛和带放射性的雾，放射性云雾冷却时，降落放射性雨。

（4）地下核爆炸的外观景象。浅层地下核爆炸的爆炸深度较浅，当火球冲出地面时，其外观景象与触地核爆炸相似，有大量土石抛出地面形成发散状尘柱，并造成更大的弹坑。放射性物质几乎全部封闭于地下的封闭式地下核爆炸，看不到闪光和火球，但能形成冲击波，伴有较强的地震，一般没有弹坑。

（5）水下核爆炸的外观景象。浅层水下核爆炸火球尺寸比较小，发光时间也很短，能形成水中冲击波和表面波，伴有巨大水柱，稳定后出现菜花状烟云，其高度比空中核爆炸产生的蘑菇云低。当巨大水柱下落时，由小水滴组成的带放射性的环状云雾随风飘荡，可造成持续时间较长的大雨。深层水下核爆炸时，火球不明显，其他景象与浅层水下核爆炸类似，能产生多次水中冲击波。

4. 核武器的杀伤破坏效应

（1）光辐射。是核爆炸时瞬间形成的巨大能量和高温高压火球所辐射出来的光和热，它比太阳要亮得多、强得多。核爆炸火球的温度比太阳的温度要高得多。据科学家测算，1 枚当量为 2 万 t 的原子弹空中爆炸后，在距爆心 7km 的地方，会受到比太阳光强 13 倍的光照射。它作用于人，可造成皮肤烧伤；人若直视火球，还可能造成视网膜烧伤；强烈的闪光可以引起闪光盲；吸入炽热的空气，可导致呼吸道烧伤。作用于物体，能使木、棉、橡胶等制品熔化、炭化和燃烧，使火药熔化、燃烧甚至爆炸，还能引起工事、房屋、森林及其他可燃烧物起火，造成种种物体的间接破坏。

核爆炸光辐射的特点是传播速度快，在大气中传播 30 万 km/s，转瞬即至；直线传播，主要破坏作用于朝向爆心的一面；碰到物体会发生折射或反射现象，不能透过不透明物体；在大气中传播时会被散射、吸收而衰减。因此预先可采取一些防护措施。

（2）早期核辐射。它是核爆炸后 1min 内，从火球和烟云中放出 α 射线、β 射线、γ 射线和中子流。不过，在三种射线中，α 射线和 β 射线的穿透能力较差，在穿过大气层时，很快被大气所吸收，没有到达地面就消失了，所以早期核辐射实际上只包括 γ 射线和中子流。

早期核辐射是核爆炸瞬时杀伤破坏因素之一，其能量占核爆炸释放总能量的 5%。它的传播速度极快，γ 射线是以光速传播的，中子流的速度也可达到几千千米每秒至几万千米每秒。因此，在其作用范围内，当看到爆炸闪光时，人员已经受到早期核辐射了。早期核辐射也叫"贯穿辐射"，能够穿透人体，可以穿透很厚的物质层，并引起物质的电离。中子流能穿透几百米甚至几千米厚的空气层；γ 射线要用 1m 厚的混凝土层和几厘米厚的铅层才能挡得住。正因为早期核辐射的穿透能力这么强，人员、牲畜受到照射超过一定剂量后会引起放射性病，严重的甚至在几周内死亡。当早期核辐射剂量大于几十万拉德时，还可能使电子仪器和通信设备中的某些元件改变性能或受到破坏。不过，早期核辐射的作用时间极短，γ 射线的强度在几秒钟内迅速下降，中子流在 1s 后就可结束。

（3）核电磁脉冲。核武器爆炸时，会在瞬间释放出大量的 γ 射线，这些射线与周围的介质相互作用，而散射出一种电子流，继而激励出随时间变化的电磁场，并使这个电场立即向外发射出高强度的电磁信号，这就是核电磁脉冲。

核电磁脉冲特点：一是作用范围广。地面爆炸或空中爆炸时，核电磁脉冲的作用范围可达几公里；在超高空进行大当量的核爆炸时，作用范围将更为宽广。二是它的电场强度非常高。不论是地面爆炸，还是高空爆炸，在离爆心几千米的范围内，它的电场的强度可以达到几千伏/m 到几十万伏/m，比雷电至少大 1000 倍以上。三是它的频率范围很宽。从极低频到特高频，覆盖了几乎所有民用、军用的现代化电子设备所使用的大部分工作频段。四是它以光速传播，速度非常快、作用时间短，总持续时间不大于 1s。它能使通信受阻，损坏电子系统，不仅使电子装备的元件严重受损，还能击穿绝缘、烧毁电路，造成动力电网局部或全部受损甚至瘫痪，导致无线电指挥控制和通信中断，指挥失灵。它还能对雷达、导弹造成强烈干扰。在没有预防的情况下，它可以抹去机载计算机上的信息，导致导弹中的电子系统工作紊乱，操作失灵。

（4）冲击波。它是核武器的主要杀伤破坏因素，大约占核爆炸释放总能量的二分之一。它是核爆炸后火球急剧膨胀时所产生的高速高压气浪。在大多数情况下，一般的爆炸都能产生冲击波，但核爆炸冲击波与普通炮弹爆炸时产生的冲击波相比，对周围的人员和物质的作用要强得多，距离要大得多，持续时间要长得多。核爆冲击波传播速度快、压力强，开始以超音速从爆心向四周传播，随着距离的增大，传播速度逐渐减慢，直到消失。如：当量 1 万 t 的原子弹空中爆炸时，冲击波到达 1km 处约需 2s，达到 2km 处需要 4.7s，到达 3km 处约需 7.5s，压力也随之降低。

（5）放射性沾染。核爆炸时会产生带有放射性物质的核裂碎片、感生放射性物质和未裂变的核装料，这三种放射性物质与核爆炸卷起的尘土、熔渣等混杂在一起，就形成了放射性落下灰。这些灰尘随风飘移，降落在核爆炸地域下风方向几百乃至几千平方米的地区。凡是有落下灰的地区，都会受到不同程度的放射性沾染。它的伤害作用像早期核辐射那样，当过量的射线从人员的体外照射时，对细胞产生的电离作用会使人患上放射病。当沾有放射性物质的空气、水或食物，通过人的口、鼻进入体内，或者通过沾染了的物品、烧伤的皮肤或者眼结膜等侵入人体内部时，诱发沾染对人的伤害作用最大。

放射性沾染有一个显著的特点：作用时间长。主要感生放射性核素的半衰期为 $2.58\sim14.8h$；核碎片的半衰期短的少于 $1s$，长的达几万年；未裂变的核碎片半衰期更长，钚239为2万多年，铀235为7亿多年。所以说，放射性沾染是潜伏的敌人。

1.2.2 化学武器

化学武器是以毒剂的毒害作用杀伤、疲惫敌人有生力量，迟滞、困扰其军事行动的各种武器、器材的总称，俗称"毒魔"。在大规模毁灭性武器的三大家族中，化学武器最先横空出世，有着百年的罪恶史，仅第一次世界大战中，它就造成127万人中毒、9万多人毙命。与核武器、生物武器相比，它的研制、装备费用和所需的技术水平相对较低，几乎所有有化工工业的国家都能生产，因此，倍受一些无力研制和生产核武器、生物武器的不发达国家的青睐，被世人称为"穷国的原子弹"。

1. 化学武器的特点

化学武器主要以毒剂的毒害作用杀伤有生力量，与常规武器比较，有以下几大特点。

（1）毒害作用大。小米粒大的VX毒剂沾上人的皮肤，便可使人致死；沙林毒剂的初生云吸入一口，就可能毙命；作战中使用5t神经性毒剂沙林，与1枚当量为2000万t的热核武器相当。2001年初美国武器管制专家向美国政府提交了一份警惕生化武器发展的报告，指出："把沙林、芥子气等毒剂在实验室内整合浓缩，成为一个如橙子大小的弹头，一经爆炸，毒气扩散，足以杀害数百万人。"

（2）中毒途径多。化学武器有爆炸型、燃烧型、喷洒型、粉状型四种使用方法，可使毒剂形成蒸气状、雾状、烟状、粉状和液滴状等多种战斗状态，能通过不同的途径，杀伤人畜。蒸气、雾和弥漫在空气中的粉状毒剂可经由呼吸道吸入中毒。有的可对鼻、眼、咽喉黏膜、皮肤产生强烈的刺激作用或毒害作用，有的染毒空气可通过皮肤吸收引起中毒。液滴状毒剂可通过皮肤接触中毒，也可经饮食被污染的水和食物间接造成伤害。多数爆炸型化学弹药还有碎片杀伤作用。

（3）杀伤范围广。化学炮弹的杀伤面积一般比普通炮弹大几倍到几十倍，发射总剂量5t的沙林炮弹，杀伤范围可达 $260km^2$。化学毒剂云团可随风传播扩散，能渗入不密闭、无滤毒设备的工事、建筑物和战斗车辆内部，沉积、滞留于堑壕和低洼处，伤害其中的有生力量。

（4）作用持续时间长。化学战剂按作用时间分，可分为暂时性毒剂和持久性毒剂。有的毒剂杀伤作用可延续几分钟、几小时，有的毒剂杀伤作用可持续几天、几十天。目前已知的化学战剂有 20 多种，可根据不同的需要选择使用，以达到不同的战略、战役企图和战术效果。例如，进攻时使用非持久性速杀毒剂，可造成敌军在数秒至数十秒内死亡、瘫痪，暂时或永久丧失战斗力；防御时可使用持久性毒剂，来迟滞敌方的行动。

（5）杀生不毁物。一般来说，化学武器只杀伤人员和生物，不破坏武器装备和军事设施。遭受化学袭击后，多数装备经洗消后仍可使用，受污染的军事设施采取消毒措施后可再度启用。

（6）生产较易成本较低。与核武器相比，研制、生产所需的技术水平、设备及经费均大为降低，更易于大规模生产、装备。据统计，当量为 400 万吨级的氢弹，按弹重计，每吨生产费约为 100 万美元，而沙林毒剂弹每吨仅需 1 万美元。另一方面，其作战耗费比较高，按每平方千米面积上造成大量杀伤的成本费计算，常规武器为 2000 美元，核武器为 800 美元，神经性毒剂化学武器仅为 600 美元。

（7）受地形、气象条件影响较大。大风、大雨、大雪和近地层空气的对流，都会严重削弱毒剂的杀伤效果，风向逆流还可能造成毒剂云团对己方人员的伤害。

基于以上这些特点，一些战争狂人，特别是综合国力较差的国家，对化学武器倍加倚重，化学武器在战争中出现的概率也就最高。据统计，在 20 世纪，全球发生的大小战争约 400 次，其中使用化学武器的战争达近百次。

2. 化学武器的分类

化学武器有广义和狭义之分。广义的化学武器包括毒剂、各种化学弹药和毒剂布洒器以及各种防化器材等。狭义的化学武器则专指各种化学弹药和毒剂布洒器。化学弹药是指战斗部内主要装填毒剂（或二元化学武器前体）的弹药。主要有化学炮弹、化学航弹、化学手榴弹、化学枪榴弹、化学地雷、化学火箭弹和带有化学弹头的导弹等。化学毒剂则是指用于战争目的，以毒害作用杀伤人畜、毁坏植物的有毒物质。主要包括神经性毒剂、糜烂性毒剂、全身中毒性毒剂、窒息性毒剂、失能性毒剂和刺激剂等六大类十几个种类。

（1）神经性类化学毒剂。神经性毒剂是以神经系统作用为主要毒害特征的毒剂，通俗地讲，是破坏神经系统正常功能为主要毒害特征的毒剂。它通常为无色液体，可装填在多种弹药中使用，使空气、地面、物体表面和水源染毒，杀伤有生力量，封锁重要军事地域和交通枢纽。它属于速杀性致死剂，毒性大，可经呼吸道、皮肤等多种途径使人、畜中毒，抑制胆碱酯酶，破坏神经冲动传导。主要症状有缩瞳、流涎、恶心、呕吐、肌颤、痉挛，呼吸困难以至麻痹，严重者迅速死亡。

神经性毒剂最初是第二次世界大战中德国农药专家在研究有机磷农药中发展起来的，现在装备的神经性毒剂中都含有磷元素，因此，它又被称为"含磷毒剂"或"有机磷毒剂"。神经性毒剂包括氟磷酸酯（G 类）、硫赶膦酸酯（V 类）两大类。G 类毒剂有塔崩、沙林、梭曼，V 类毒剂已公开结构并正式列为装备的有维埃克斯。

（2）糜烂性类化学毒剂。糜烂性毒剂以破坏细胞中重要的酶及核酸，导致新陈代谢中断，造成组织坏死破坏机体细胞，使皮肤或黏膜糜烂为明显毒害特征。主要通过皮肤接触和呼吸道吸入引起中毒，有全身中毒作用，严重时可致死。接触皮肤和黏膜时，引起红肿、起泡、溃烂，对眼睛可造成严重伤害甚至失明；吸入时蒸气或气溶胶，能损伤

8

呼吸道、肺组织及神经系统。它可装填于炮弹、航空炸弹、地雷内以爆炸方式使用，也可装填于各种布洒器材，用布洒方法使用，主要以液滴状态造成地面、物体表面染毒，或以气溶胶和蒸气状态使空气染毒。一般作为持久性毒剂使用，也可作暂时性毒剂使用。作持久性毒剂使用时，一般都有潜伏期。作暂时性毒剂使用时，潜伏期较短，甚至可立即产生伤害。

糜烂性毒剂主要有芥子气、路易氏气。

（3）全身中毒性类化学毒剂。全身中毒性毒剂是抑制组织细胞内的呼吸酶系，致使全身不能利用氧气而引起组织细胞内窒息的毒剂，又名"血液中毒性毒剂"、"含氰毒剂"。它可装填在炮弹、航空炸弹和火箭弹中使用，造成空气染毒，通过呼吸道侵入机体，抑制细胞色素氧化酶，中断细胞的氧化反应，造成全身性组织缺氧，特别是呼吸中枢易因缺氧而受到损伤。中毒者在几分钟内出现昏迷、痉挛和呼吸麻痹等症状，严重时会立即死亡。

全身中毒性毒剂主要有氢氰酸和氯化氰。两种同时也是民用化工原料。氢氰酸是生产丙烯腈的原料，氯化氰是生产除草剂三聚氯氰的原料。

（4）窒息性类化学毒剂。窒息性毒剂是以刺激呼吸道、肺部，损害肺组织，引起肺水肿，导致呼吸功能破坏的毒剂。又名"伤肺性毒剂"。窒息性毒剂有光气、双光气、氯气和氯化苦等。其中，光气是这类毒剂的典型代表，氯化苦是训练用毒剂，双光气已被淘汰。

窒息性毒剂分典型中毒和闪电型中毒两种。典型中毒又大致可分为四期：一是刺激期。这时，中毒者口内有烂苹果或烂干草味，并出现鼻孔搔痒、流泪、咳嗽、胸闷、咽干、咽喉及胸骨后刺痛、全身无力、头痛等症状。维持时间 15～40min，离开毒区症状很快消失。二是潜伏期。中毒者自觉良好，无明显不适感觉，但肺水肿尚在形成发展中，如不注意，可因劳累受凉使其发展加速，时间一般为 2～8h 或更长。三是肺水肿期。中毒者因缺氧，皮肤黏膜呈青紫色，继而变得苍白。四是恢复期。中毒较轻或经过及时治疗的中毒者，肺水肿是可以消除的，一般经 3～4 天症状基本消失，以后逐步恢复健康。闪电型中毒是由于大量、突然地吸入高浓度的光气而引起的中毒，无肺水肿发生，但中毒迅猛，中毒者即使吸入一两口，也会很快丧失意识、昏迷倒下、短暂痉挛或无痉挛，若急救不及时，则随后转入麻痹，因呼吸、心跳停止而死亡。

（5）失能性类化学毒剂。失能性毒剂是造成人员暂时失去正常的精神、躯体功能，从而丧失战斗能力的毒剂，简称失能剂，也有人称其为"人道武器"。其致死量远远大于失能剂量，通常不引起死亡或永久性伤害。主要作用是改变或破坏中枢神经系统功能，作用时间较长。失能剂一般分为精神失能剂和躯体失能剂。前者主要是引起精神活动紊乱，如毕兹、麦角酰二乙胺等化合物；后者主要是引起运动功能障碍、血压或体温失调、视觉或听觉障碍、持续呕吐腹泻等，如四氢大麻醇、去水吗啡等类化合物。

（6）刺激性类化学毒剂。能刺激眼睛或鼻咽黏膜，引起眼睛剧痛并大量流泪或引起不断咳嗽、喷嚏而使人员暂时地失去正常活动能力的毒物，就叫刺激剂。根据中毒症状不同，刺激剂又可分为催泪剂与喷嚏剂。它们除刺激眼睛和咽部之外，常伴随着对皮肤的刺激，引起皮肤的剧烈疼痛。当人员脱离与毒物的接触后，刺激症状会慢慢自行消失，没有后遗症状。由于刺激剂是非致死性的、暂时性的毒物，相比其他化学毒剂的凶猛、残酷而言，"温和"、"人道"得多，因此有人将其称为毒物中的"人道武器"。刺激剂因其毒性不高，不能造成死亡或长期伤害，而没有被列入化学武器与毒剂中，通常用于平时维护治安、控制暴徒暴行的警用控暴剂。但它在战场上仍可能被广泛使用。常见的有苯氯乙酮（催泪剂）、亚当氏气（喷嚏剂）西埃斯（复合型刺激剂）、西阿尔（催泪剂）、辣椒素。

1.2.3 生物武器

生物武器是以生物战剂杀伤有生力量和毁坏植物的各种武器、器材的总称。它利用致病的微生物、毒素和其他生物活性物质，使大量人、畜发病或死亡，或大规模毁伤农作物，俗称"无形的杀手"、"人工瘟疫"。它同核武器、化学武器一样，都是违反国际人道主义原则的大规模毁灭性武器。

1. 生物武器的特点

（1）杀伤效能比大。在大规模核对抗时期，生物武器退居次要地位。人们对核武器和化学武器威胁的关注往往要多于生物武器，然而事实上，生物武器造成的灾难也非常严重，从某种意义上讲，它的杀伤破坏效应甚至要大于核武器和化学武器。特别是基因技术出现后，新配制的基因病毒的毒害作用更人。据估算，用五千万美元建造一个基因武器库，其杀伤效能远远超过用五十亿美元建造的核武器库。

（2）面积效应大。在现代战争中由于作战部队多采取疏散配置，因而武器的面积效应受到军事家的重视。在核、化学、生物武器等大规模毁伤性武器中，生物武器单位重量的面积效应最大。根据世界卫生组织顾问组的报告，1架飞机所载的核、化、生武器，其杀伤面积分别是：1枚百万吨梯恩梯当量级的核武器为$300km^2$，15t神经性毒剂为$60km^2$，而10t生物战剂则达数千平方千米。在特定的情况下，几千克的炭疽杆菌即可造成大于当年投掷在广岛和长崎的原子弹的破坏后果；用100kg的炭疽杆菌撒播在一个大城市，300万市民就可以立即毙命。另外，生物战剂的杀伤剂量极小，如成人吸入50个"野兔热"杆菌即能发病，A型肉毒毒素的呼吸道半致死浓度仅为神经性毒剂维埃克斯的0.3%。

（3）致病性和传染性强。生物战剂的病原体致病力较强，致病途径很多，可通过呼吸道、消化道、伤口、带菌昆虫叮咬进入人体。少量病原体进入人体后即可发病，并且，患病后许多生物病菌（如鼠疫杆菌、霍乱弧菌）能从患者体内不断排出，使周围健康的人感染，在人群中互相传播蔓延造成传染病流行。如在抗日战争中，日军在侵华战争中对浙江金华实施了细菌战，鼠疫迅速蔓延至邻近的义乌、东阳、浦江、兰溪等地，尤其在义乌地区，鼠疫流行竟达20个月之久。

（4）破坏性专一。生物武器只能伤害人、畜和农作物等生物，而不破坏武器、建筑物等物体。生物武器一般不会立即起杀伤作用，生物战剂进入机体后，必须经过若干小时或数天以后方能发病，潜伏期较长，它不能使被攻击者立即停止战斗行动，通常不宜作为战术武器使用。

（5）制造容易，造价低。因为生物技术的广泛传播，生物武器的制造在今天并不难，世界上有 1500 家生物图书馆，还有众多的研究部门，可用的资源也随处可以找到。另外，其制造不需要太高的技术和太多的经费，造价相当低廉，连许多发展中国家都可以生产。

（6）不易发现防护。生物武器的使用方法非常简单而且十分隐蔽。只要将病毒放在一个普通的密码箱中，就可以轻易地通过海关检查；只要将基因病毒喷洒在空气中或倒入水中，就可以让成千上万的人毙命。生物武器袭击用肉眼难以判别，尤其是气溶胶，无色无味，多在夜间或拂晓使用，难以察觉，而且侦察、调查和鉴定都比核武器和化学武器慢。加之发病还有一定的潜伏期，往往确定后已有相当的人已经受到病菌的感染或毒素的侵害。生物武器使用的途径多，防不胜防。生物战剂有 20 多种，而且在不断增加，目前对许多生物战剂尚无有效的治疗方法。

（7）心理影响严重。生物武器不仅直接引起病理反应，破坏人体机能，而且还会对人员造成巨大的精神压力，进而引起心理恐慌。"9.11"后美国遭受的炭疽杆菌袭击，已给人们留下了难以磨灭的深刻记忆。

2. 生物武器的分类

现已知自然界中的微生物有 8 大类，包括病毒、衣原体、立克次体、支原体、细菌、放线体、螺旋体和真菌等。其中可作为生物战剂的有 6 种，即细菌、病毒、毒素、立克次体、真菌、衣原体等。它们中的众多战剂，按传染性分，有高、低、无之分；按危害程度分，有致死、失能之分。如鼠疫杆菌的传染性高，致死率高达 25%～100%；炭疽杆菌的传染性低，致死率只有 5%～20%；葡萄球菌肠毒素没有传染性，一般不能使人致死，只能使人失能。其中黄热病病毒、东方脑炎病毒、西方脑炎病毒、委内瑞拉马脑炎病毒、流行性斑疹伤寒病毒、落基山斑疹热立克次体、马鼻疽杆菌、类鼻疽杆菌、布氏杆菌等 9 种生物战剂，都必须通过昆虫或蜱螨等媒介的活动传播扩散。有些则可寄生在植物、动物或人的体内或体表来进行传播，如细菌、病毒、立克次体等。

在生物战剂中，外军条令规定并已用过的生物战剂有 20 种，主要是：黄热病病毒、东方脑炎病毒、西方脑炎病毒、委内瑞拉马脑炎病毒、流行性斑疹伤寒病毒、落基山斑疹热立克次体、马鼻疽杆菌、类鼻疽杆菌、布氏杆菌、天花病毒、鹦鹉热立克次体、Q 热立克次体、霍乱弧菌、鼠疫杆菌、炭疽杆菌、野兔热杆菌、肠伤寒杆菌、粗球孢子菌、肉毒毒素、葡萄球菌肠毒素等。

除上述生物战剂外，生物武器专家正在积极寻找新的病原体，一批新的致病性更强的生物战剂正在出现。

1.3 核生化防护及通风的任务

1.3.1 核生化防护对人防工程的要求

人防工程必须确保战时工程的防护要求，保证工程内人员和物资的安全。具体说来，人防工程要具有以下防护能力。

1. 对冲击波的防护能力

要能抗击设计要求的核武器和常规武器爆炸产生的冲击波对工程的毁伤。这是一个主要指标。

2. 对放射性沾染的防护能力

防护通风系统要采取措施防止核爆炸后产生的放射性沾染随工程外空气进入人防工程内。

3. 对化学、生物武器的防护能力

防护通风系统要采取措施防止化学毒剂、生物战剂随工程外空气进入人防工程内。其防化等级由其战时功能确定。

4. 洗消能力

能对战时进入工程的人员、装备和核生化武器产生的各种污染进行洗消的能力。

5. 快速反应能力

在敌人发动核生化袭击时，工程要具备快速进行反应的能力。这就要求工程有报警、三防自动控制系统。

6. 保障工程内人员生存与生活

①通过工程内外的通风换气，保证工程内的空气品质。②保证工程内人员的集体防护。③保证工程内空气的温湿度，创造人员、设备适宜的空气环境。④保证电力供应。⑤保证工程的给水、排水，人和某些设备都离不开水，因而要有完备的给水排水系统。

1.3.2 核生化防护的基本概念

人防工程可分解为结构、防护层、防护设备、建筑设备等。为实现人防工程的核生化防护战术技术要求，对工程的建筑、结构、设备专业、防化设施都提出了严格的要求。为此必须明确以下基本核生化防护概念。

1. 结构

能使工程成形并能承载的构件或加固的围岩连成的组合体称为结构。具有抵御预定武器破坏功能的结构称为防护结构。人防工程一般为钢筋混凝土结构。

2. 防护层

结构上方能起防护作用的岩土或其他覆盖材料称为防护层。有自然防护层和人工防护层之分。

3. 建筑设备

保障建筑有效空间达到预定环境标准所需的设备称建筑设备，亦称内部设备，包括通风、给水、排水、供电、照明等设备。人防工程中建筑设备的数量与其用途、规模和要求等有关，指挥工事通常有完善的建筑设备，包括柴油电站。

4. 防护设备

人防工程中主要用来阻挡冲击波、毒剂等从孔口进入主体的设备称防护设备，包括防护门、防护密闭门、密闭门、活门等。能阻挡冲击波但不能阻挡毒剂等通过的门称防护门；能阻挡毒剂但不具备抗冲击波能力的门称密闭门；既能阻挡毒剂又具备抗冲击波能力的门称防护密闭门。活门是防爆波活门的简称，是用于通风或排烟口部的防冲击波设备。

5. 主体和口部

人防工程中能满足战时防护及其主要功能要求的部分称为主体，主体是人防工程中满足人员、物资、装备等战时所需要的防护和生存要求的部分。人防工程的主体与地表面或其他地下建筑的连接部分称为口部，口部是保障主体能满足战时防护要求的一个重要环节。人防工程包括主体有防毒要求的和主体允许染毒的两种类型。对于有防毒要求的人防工程，其主体指最里面一道密闭门以内的部分，口部是指最里面一道密闭门以外的部分。对于允许染毒的人防工程，其主体是指防护密闭门（防爆波活门）以内的部分，口部是指防护门（防爆波活门）以外的部分。

6. 防核武器抗力级别

人防工程的抗力等级主要用以反映建筑物能够抵御敌人核袭击能力，是一种国家设防能力的体现。目前，防核武器抗力等级是按照冲击波地面超压大小划分的。

7. 防化级别

人防工程对军用毒剂、生物战剂和放射性气溶胶的防护（简称防化），根据需要和技术与装备条件，防化共分为甲、乙、丙、丁四个等级。防化等级是依据人防工程的使用功能确定的，防化等级与其抗力等级没有直接关系。

1.3.3 核生化防护的综合技术措施

在人防工程的核生化防护设计中，目前主要采用以"堵"为主，"堵、滤、排、消"相结合的综合技术措施。

1. 堵

人防工程除在出入口设置防护门、密闭门外，在通风系统上设置防爆波活门、密闭阀门和密闭穿墙管等措施，将核、生物、化学污染物及冲击波"挡"在工程之外。这就要求人防工程的结构密闭、坚固，能抗击核武器产生的冲击波余压和常规武器打击。

2. 滤

在工程内设置除尘和滤毒设备，将进入工程内的外界污染空气进行处理，使污染空气中的放射性沾染、化学毒剂、生物战剂的含量达到规定的安全值。放射性沾染、化学毒剂和生物战剂虽是三种不同的杀伤武器，但它们具有共同的特点，即必须进入工程内才能对内部人员产生杀伤作用，可用相似的技术措施去处理。

3. 排

为保证工程内一定的超压，须对口部防毒通道和洗消间实施排风换气，将染毒空气"稀释"至安全浓度。

4. 消

在工程口部设置洗消设备，对进入工程内的人员、服装、武器及口部沾染区的管道、设备、房间等进行洗消。

1.3.4　通风系统地位与作用

1. 实现工程内外的通风换气，保证工程内的空气品质

为保证人员在人防工程内正常生存，应向工程中输送新鲜的空气，稀释并排除工程内部污染空气，从而保证工程内的空气质量，营造健康的空气环境。对于平时使用的人防工程，除了尽可能利用自然通风外，为了确保战时的通风换气，应设置专门的机械通风系统。从而保证工程内空气质量符合平时、战时的标准。

2. 保证人防工程内人员的集体防护

在战时，敌人发动核生化袭击的情况下，大气中将有大量的放射性尘埃、化学战剂或生物战剂，它们以气溶胶的形式悬浮在大气中，较长时间内不能消散；为了保证工程内部人员的生存，必要时需要在工程外空气染毒和受到放射性污染的情况下通风换气，因此必须解决进风的除尘滤毒、消除放射性沾染等问题，实现工程内部人员的集体防护。

为防止外界染毒空气沿人防工程的各种缝隙和孔洞渗透到工程内，防止随人员出入而侵入工程内部，应采用控制进、排风量的方法以保证工程内部超压，并保证出入口防毒通道的通风换气。

3. 保证人防工程内空气的温湿度，创造人员、设备适宜的空气环境

为满足工程内空气环境的舒适性和设备的正常运行，需要控制工程内的温湿度。人防工程埋于地下，与地面建筑相比，工程附近的土壤与围岩的蓄热能力强，夏季工程内部自然温度偏低，外界的热湿空气进入工程将会结露，加上人员、设备和围岩的散湿，工程内空气非常潮湿。在这种空气环境下，人员的健康会受到损害，设备会生锈。因而必须采取通风空调措施，保证人防工程内的温湿度要求。冬季工程外部空气含湿量低于工程内部，通风可以降低工程内的湿度。

对于技术性强的人防工程，如通信枢纽、地下柴油发电站等，设备运转时释放大量热量，工程内部温度较高，人员工作环境恶劣，设备运转因高温而降效。在冬季可以采用通风换气的方法，用工程外部低温空气为工程内部降温。在夏季采用空调措施维持工程内的温度和湿度。

1.4　人防工程防化保障的方式

1.4.1　防化保障任务

人防工程防化保障是根据工程获得的防化信息和防化设施、技术器材的性能，采取防化专业技术手段，使工程避免或减少化学、生物、放射性物质的危害，保障人防工程处于最佳防护状态的行动。具体任务有：

（1）及时收集、监测工程受到的核生化袭击及威胁的信息；

（2）实时监测、查明工程内外受到的核生化污染的情况；

（3）实时监测人防工程内部有害物质浓度变化情况，采取适当措施控制其危害水平；

（4）监测人防工程内外压差及防化设施运行状态参数；

（5）保障工程防护状态的安全，确定工程防护方式和通风方式的转换时机；

（6）保障工程在核化生污染条件下人员进出时的安全；

（7）及时消除工程遭核化生袭击后果；

（8）人防工程遭袭后保障其他专业的行动安全和应急情况的处理。

1.4.2 防化保障方式

1. 隔绝

人防工程防化保障的目的是保障内部人员的安全和战斗力不下降，其基本原理是通过隔绝外部污染空气来实现的。无论什么等级的工程，都要能保证毒剂、放射性灰尘及生物战剂气溶胶在一定时间内不进入工程。所以说人防工程只要能保证足够的气密，都能有效地阻隔有毒污染空气的进入。因此，工程的隔绝防护是工程最基本的一项功能，是人防工程全部防化工作的基础。

可靠隔绝。人防工程要保证在一定的打击程度下的隔绝气密，因此，工程要在一定量的核武器的冲击波和生化武器的打击下，保证气密。工程战技指标要求的抗力，一定是保证工程的气密性没有受到破坏，而不只是工程没有被炸毁，因此隔绝气密是可靠的气密。

分区隔绝。大型人防工程出入口可能较多，各口设计上不一定有同等的抗力指标和防化性能要求，而根据口部在核化生条件下受威胁程度，各口的使用情况则不尽相同，当一个口部出现危险情况时，工程内部可能要做出内部分区隔绝，保证主要区域（重点区域）防化性能的决定。因此在进行防化设计时，工程内部防化准备上则要提供可供分区隔绝的条件。

2. 过滤

根据工程内部超压、换气和提供内部人员清洁空气的数量要求，利用工程内的滤毒通风设施对工程内部进行通风换气，保证工程内部空气质量满足人员使用的要求。过滤式防护是工程在隔绝式防护基础上的一种防护方式。当然，开启滤毒通风设施是在查明外界空气是否污染，过滤吸收器材能否安全使用的情况下进行的。

3. 净化、供氧

在工程隔绝时内部空气质量总体上呈下降趋势。在一定时间内要对内部空气进行净化，提高空气品质是必要的。采取的技术措施有：利用工程内的空气净化设备，开启内循环通风进行滤除；对工程内局部区域进行空气质量调节；用氧气再生装置对工程内个别房间进行消除二氧化碳和补充氧气。这些措施可以极大地提高工程内部空气品质，保证工程内部人员的工作效率。

4. 洗消

人员洗消可以保障工程内不会由于个别人员在外界污染条件下的出入影响到工程内部的安全，工程口部各主要部位的通风换气次数，工程的染毒衣物存放间，工程防化设计中人员洗消设施（脱衣间，淋浴间及检查穿衣间等），在正确使用下都能保证人员出入时工程的安全。且工程洗消也将保证工程在遭到核化生袭击下，减少工程内部污染概率，提高工程生存能力。

5. 更换器材

各类工程防化器材在其使用期限内能保证设计规定的防化性能。工程防化保障的任务之一是要保证各类器材在其性能指标规定的范围内工作，一旦发现器材性能下降或失效应及时进行更换，以保证工程持续作战能力。

6. 及时撤离，结合个人防护

工程防化保障将根据工程获得的防化信息和防化设施、技术器材的性能，采用防化专业技术手段调控，使工程避免化学、生物、放射性物质的污染，保障工程处于最佳防护状态。当使用工程内全部技术手段都不能保证工程安全时，应及时撤离。结合使用个人防护措施则是工程防化保障的又一方法，所以工程应有这方面的应急准备措施。

1.4.3　防化保障的具体要求

1. 符合防化要求的工程平面建筑

工程防化的全部工作是围绕着防止外界被污染的空气进入工程内部，内部空气品质保持在使人员正常进行工作、生活的范围内（不超标），因此工程一定要有符合防化要求的工程平面布局。工程孔口是工程的薄弱部位，防止污染空气进入工程的所有的防化措施都集中于此。工程防化要求工程要有明确的染毒区、清洁区以及在两个区域之间的过渡区（允许染毒区），这三个区之间有明确的工程密闭线，工程的所有密闭措施都放在工程的内外两条密闭线上。在设计图纸上，这两条线是封闭曲线，线与线之间不允许有交叉。为保证人员进出工程时的安全，人员洗消路线清晰，排风走向能够满足工程由内向外排风的要求，并保证工程各防毒通道的换气。工程应考虑多次使用，在工程内部要有洗消、更换器材及备份设备存放的位置等，上述各项要求都是以工程合理的平面建筑布局，工程内各防化房间功能清楚为基础的。

2. 设置相应的防化装备器材

工程内各类防化装备器材是工程防化工作的条件。从分类来看，工程防化装备器材应包括已定型的防化器材（报警器、过滤吸收器、侦毒器等），也应包括根据工程自身需要临时购置的仪器设备等，甚至包括一些应急性的器材、消耗性器材等，缺少任何一项，都不能完成工程防化保障任务。工程防化保障需要相应的防化装备器材，并不等于工程防化器材必须全在工程内。

3. 防化监控设施及相应的业务人员

工程防化保障是一个不间断地、正确地收集信息，实时分析处理信息，及时调控工程内各防化器材装备在合理的状态下运行的过程，由于防化是一个系统，各部位相互联系，组成一个工程防化态势运行网络，在这个过程中，信息之间的收集、传递、分析、优化、指挥、控制等将有许多信息在流动。由于防化要求的实效性，防化设施运行、工程防化对策都要实时地进行变动。因此一个能监控防化设施正确运行的分析软件（专家系统）是十分重要的。同时，由于防化业务的特殊性，部分防化信息（防化化验与侦察）需要人工完成，工程需要防化专业人员（受过防化专业训练的人员），所以，从以上内容可以看出，工程防化保障是一个从工程防化设计、施工，正确地器材选型、合理地使用维护管理，并结合工程受到核化生袭击、威胁的实际，使用好工程的全过程。

综上所述，工程防化保障就是在战时，利用各种手段，实时获得到工程可能受到核化生武器袭击的情报；及时查明工程外有受核化生武器袭击、口部污染的情况；随时监测工程内各种有害气体漏入、有害气体产生及浓度变化情况，并及时采取必要的控制措施；监测工程防化设施运行的情况，内部压力变化情况；掌握、控制人员进出工程及洗消的情况，利用技术与组织指挥的手段使工程所处的防护状态与工程受到的威胁相对应，从而保证工程内人员的安全。

1.5 人防工程通风与防化设施平面布局

人员的生存和生活离不开新鲜空气，而人防工程尤其是人防指挥工程通常深埋地下，空气环境保障作为工程的生命支持系统尤为重要。在未来战争中，人防工程受到多种战场因素的损毁与影响，工程的通风与防化保障任务非常艰巨。工程防化保障是指在工程遭敌核生化武器袭击时，为保障工程内人员的安全而采取的技术保障措施和组织指挥行动。

人防工程通风与防化技术保障的主要内容包括：为防止受染空气进入人防工程而采取的技术措施及其理论基础；保障人防工程内待蔽人员在规定时间内得到清洁空气的措施和理论；外界染毒情况下人员进出时，保障工程本身和出入人员安全的理论和措施，以及如何正确、及时地使用工程的防化设施，实现防护组织指挥和各种技术措施的合理配合等。因此，工程通风与防化保障任务的顺利完成必须以工程设备设施为基础，并通过合理的维护和使用才能达到预期目标。人防工程防化设施的种类、数量和配置要求与工程的基本结构以及工程所受到的核生化威胁态势相适应。

1.5.1 染毒（沾染）的三种途径

核生化武器袭击后，染毒（沾染）空气危害工程的途径主要是经不密闭处渗入。从工程设计的角度来看，绝对隔绝不漏气的工程是没有的，不同工程的隔绝气密性能存在差别，一般土木工程、地面工程的隔绝性能较差，混凝土整体被覆的坑、地道工程就相对好些。通常染毒（沾染）物质进入工程内部主要有三种途径。

1. 从不气密部位渗入

染毒（沾染）空气主要通过工程的不密闭处透入工程内部，如工程密闭门（防护密闭门）、穿墙孔、密闭阀门的缝隙、密闭隔墙的孔缝等，当工程存在内外空气压差的情况下，染毒（沾染）空气可通过空气的对流、扩散进入工程内部。同时，工程防护层及建筑材料也存在微小的孔隙，在有压差的情况下，也会发生少量透气的现象，但因这些材料对毒剂有一定的吸附或吸收作用，并可阻挡放射性沾染物质进入工程内部，故透毒的可能性很小，一般不会对工程造成威胁。

2. 人员进出带入

工程外染毒（沾染）情况下，染毒（沾染）空气随人员进入工程，从而使工程内造成污染。工程内受到污染的程度与进出人员的数量、进出工程时的组织和动作熟练程度以及气象条件等因素有关。在染毒区内停留的人员，其服装和装具会吸附一定量的毒剂，进入工程后毒剂将缓慢地释放出来，造成工程内染毒。如一名穿单军服的人员在沙林染毒区内工作 10min 左右，再进入工程内部 $2m^3$ 的空间，在该空间内便可造成 $3 \times 10^{-3}mg/L$ 的污染浓度，可使无防护人员中毒。

3. 进（排）风（水）流入

如果工程的进排风系统设计不当或者操作失误也可造成染毒（沾染）物质流入工程内部，使工程内部遭到严重污染。如进行滤毒通风时，因错误开启清洁通风管路阀门而造成工程内严重染毒；战时使用时滤毒器材发生机械漏毒、吸附剂或滤烟层失效而导致染毒空气进入工程内；在未确认工程外已完全解除毒剂威胁之前由滤毒通风转入清洁通风等。给水排水系统与工程外部有连接的通道，如果设计与施工不当，很可能使外部染毒（沾染）物质流入工程，造成工程内部污染。

1.5.2 防化的基本原理

1. 隔绝式防护

隔绝式防护是工程采用的最基本的化学防护方式，它是指以工程的围护结构为基础，阻隔工程内外的物质交换，防止污染空气透入工程内部，从而达到防护目的的一种防护方式。在隔绝式防护状态下，由于没有新鲜空气进入工程，所以人员正常工作和生活所需空气主要依靠工程密闭空间的空气（或空气再生装置）提供。隔绝式防护时，工程关闭进（排）风机和所有的孔口，同时必须关闭通风系统中各个密闭阀门，停止内外空气交换与人员进出。

工程的围护结构是保障工程实施隔绝式防护的基础，根据相关规范要求，工程处于隔绝式防护状态必须满足相应的战术技术指标。隔绝式防护的战术技术指标通常包括以下几类：

（1）工程隔绝防护状态下的防护时间，如：隔绝防护时间；

（2）隔绝防护状态下内部清洁区的空气质量指标，如：二氧化碳、氧气浓度等；

（3）密闭门及其隔墙允许漏气量等。

2. 过滤式防护

过滤式防护是利用工程滤毒通风设施向密闭空间供给洁净空气，以满足防化技术要求的一种防护方式。所谓滤毒通风系统是能将核生化污染空气净化并能把规定数量的空气送入工程内部的设备器材的总称，它通常由进风消波器材，滤尘、滤毒器材，风机，阀门，管路等组成。

工程密闭性能与合理的平面布置是过滤式防护的基础，过滤式防护的作用主要是：

（1）满足工程中掩蔽人员的呼吸需要。人员呼吸所需要的空气量是由人员活动状态及要控制的二氧化碳含量标准确定的，涉及工程的用途、对 CO_2 控制标准要求等；

（2）在工程中形成超压，阻止毒气进入工程。过滤式防护时，当工程内的空气压强稍高于外界染毒空气压强时，外界染毒空气就不易进入工程，这也是过滤通风的作用之一；

（3）在过滤式防护条件下排除工程中的污染空气，主要是排除由于人员进出带入防毒通道和洗消间的毒气，同时稀释工程内的废气，排出工程中的二氧化碳、一氧化碳、氮气、水蒸气、臭气及热量。

工程滤毒通风系统是工程过滤式防护的基础。根据相关规范要求，工程处于过滤式防护状态必须满足相应的战术技术指标。过滤式防护的战术技术指标通常包括重点防护的毒剂种类、剂量和工程整体超压、防毒通道换气次数等指标。

1.5.3 防化设施

使人防工程免受毒剂、生物战剂和放射性灰尘污染的防护设备和器材，统称为工程防化设施。人防工程防化设施主要包括以下几类：

1. 密闭隔绝设施

工程的气密性是工程防化保障的基础。工程要保障内部人员在核、化、生威胁下的安全，其首要的技术措施就是对全工程、特别是对工程口部气密隔绝，方法是在人员出入口通过密闭门、密闭隔墙、防毒通道；在风管中采用密闭阀门，在排水中采用水封井等措施，将外界染毒空气阻挡在工程以外，并依靠防毒通道将漏入的部分染毒空气浓度降低到允许浓度以下。

2. 滤毒通风设施

滤毒通风设施是工程防化保障的基本措施。它包括滤毒进风系统、送风系统和排风系统。它是指依靠工程内的消波设施、滤尘器、滤毒器、风管、风机等设备，在外界染毒情况下，将染毒空气过滤成清洁空气供人员使用的设备和相应的工作。在核冲击波作用下，工程进风口的消波设施可以将冲击波的压力降到工程内部设备允许余压值以下。滤毒通风系统可以造成工程内部一定的高于外界环境的超压值，使得有一定漏气量的工程也可以做到漏气不漏毒。

3. 防化态势控制系统

依靠工程内装备的原子报警器、化学报警器、空气监测、化验装置，其主要功能如下：

（1）根据具体情况地对工程内、外的空气质量进行监测，及时查明工程内外的空气放射性沾染和毒剂污染的情况；

（2）监测工程内部二氧化碳增高和氧气消耗情况；

（3）检查工程内滤毒通风设备的过滤效果；

（4）工程内压力变化情况，判断工程内表面和进入人员受沾染的情况，确定是否需要洗消和洗消效果；

（5）及时开动过滤通风系统对工程内部补充新风，调节工程内部各处空气状况，改善人员的舒适程度；

（6）依靠工程内部的及中央控制系统，利用声、光信号对工程可能遭受的放射性、毒剂污染进行报警，同时控制工程内各种密闭阀门、风机、水泵关闭，保证及时有效地使工程进入隔绝防护状态。

4. 工程洗消与人员出入安全保障设施

工程内设置各种洗消器材和洗消剂、淋浴洗消间、防毒通道等，防止在外界染毒情况下出入工程对人员和工程本身造成的危害。工程洗消包括对工程自身的洗消和对人员的洗消。

5. 应急防护设施

在考虑到特殊情况下的事故处理和人员保障，工程内还应有应急防护器材，如装备部分个人防护器材和隔绝式防护器材，以备当工程发生事故时，工作人员处理事故或人员机动及工程集体防护失效时使用。

1.5.4　防化设施房间典型布局

由于工程防化设施绝大部分集中于工程口部，所以我们重点研究工程口部防化设施的平面布局。工程口部防化设施通常位于工程口部的特定部位或者密闭空间，我们通常称这些密闭空间为功能房间，如工程密闭隔绝设施通常位于穿廊、防毒通道和其他各功能房间。所以，我们研究工程防化设施的平面布局也应当包括防化设施所在的工程特定部位以及功能房间。

1. 工程防化设施平面布局的意义

合理的工程防化设施房间平面布局可以提高工程防化保障的综合能力，是工程进行隔绝式防护和过滤式防护的基础，从技术角度降低了工程受核化生威胁的水平，减少了工程内部受染的概率。

只有对工程防化设施平面布局进行合理的设计，才能满足工程口部各功能房间实施防化作业的需要，使工程防化保障的技术措施与要求与工程其他保障指标相协调，从而提高了工程整体技术保障水平。

合理的工程防化设施平面布局可以有效地增加工程整体的有效面积，减少工程受染区段的面积，从而减少了工程洗消作业量，提高了工程内各种保障资源的使用效率。

2. 工程密闭线

为保障工程不受外界受染物质的污染，针对工程口部与外界不同相邻区段的特点，在工程设计中采取了不同的密闭设施，如密闭门、密闭隔墙、密闭阀门等。从工程整体密闭隔绝的角度观察，这些密闭设施构成了工程与外界隔绝的密闭曲线。

通常在对工程口部进行整体设计时，需要两道或三道以上的密闭线，在出入口就要用两道或三道以上的密闭门（包括密闭隔墙）组成防毒通道，才能实现隔绝防护要求。

工程内密闭线：工程内密闭线直接与工程安全区相邻，即该密闭线内是不允许染毒（沾染）的，该区段环境应当能够满足工程内掩蔽人员的安全。工程内密闭线通常包括最后一道密闭隔墙和密闭门以及进排风管路最后一道密闭阀门等密闭设施。

工程外密闭线：工程外密闭线直接和工程外界相邻，即该密闭线以外的范围是工程口部严重染毒（沾染）的区段。工程外密闭线通常包括第一道密闭隔墙和密闭门以及进排风管道上的第一道密闭阀门等密闭设施。

工程内外密闭线之内的区段为工程安全区与外界连接的缓冲区段。在外界受染的条件下，鉴于密闭线上密闭设施的密闭性能、工程防护状态的转换以及人员进出工程等原因，该区域有可能在一定时间内受到污染，但与外密闭线外区段相比，受染浓度已明显降低，从而提高了工程整体气密性能。

在内外密闭线之间的染毒区域中又分成几个等浓度区，这对于设计工程头部各房间的平面布置、考虑所需密闭门和密闭阀的合理数量都是必要的。由上述提到的允许染毒区的作用可以推想，等浓度区划分越多，防护效果越好，但所用的密闭器材就越多。此外，内外密闭线之间的染毒区域范围太大了，工程的可用面积就会减少，工程的经济性降低。

3. 染毒（沾染）区域的区分

工程口部依据染毒（沾染）的程度以及各部分的使用功能划分为染毒区、允许染毒区和安全区，见图1-2。

图 1-2   密闭线及染毒区域划分

（1）工程安全区：工程内采取各种措施避免受染、保障人员安全的区段，通常指工程内密闭线（工程口部最后一道密闭设施）以内的区段范围。在工程外界染毒（沾染）情况下：该区段以内的环境能够满足待蔽人员正常工作与生活的基本要求。工程安全区不能与染毒区直接相邻。

（2）工程染毒区：工程口部直接与外界相连，外界受染物质可直接侵入的区段，在染毒（沾染）空气开始侵入的瞬间该区域就被染毒（沾染），并很快就与外界空气的毒剂（沾染）浓度相平衡。工程染毒区通常指工程口部外密闭线（工程口部第一道密闭设施）以外的区段范围，如穿廊、缓冲通道、消波系统、进排风道等。由于该区段受染严重，所以是工程洗消的重点区域。

（3）工程允许染毒区：介于工程染毒和安全区之间可能被受染气体污染的过渡区段，通常指内外密闭线之间的区段范围。如除尘室、滤毒室、防毒通道、洗消间等功能房间。为保障人员进出安全，在允许染毒区内，又分成多个等浓度区段，使外界染毒高浓度逐次降低到安全区的安全浓度值。如防毒通道之间、防毒通道与除尘、滤毒室之间以及第一防毒通道与脱衣间、淋浴间之间均有不同的安全浓度要求。

① 染毒区与允许染毒之间的隔堵应为密闭隔墙，门为密闭门；

② 允许染毒区不同染毒浓度区段之间的隔墙为密闭隔墙；

③ 滤毒器、滤尘器室考虑战时器材更换可能造成严重的污染，需设密闭门；

④ 最后一道密闭门及其隔墙和滤毒室与风机室之间的隔墙是口部的最后一道密闭线，凡穿过密闭隔墙的管线都应进行密闭处理。

4. 口部通道

缓冲通道：缓冲通道是防护门（防护密闭门）之间的通道，位于工程口部的染毒区，分别与穿廊、第一防毒通道和染毒衣具存放间相接。工程外界染毒（沾染）后，人员在进入工程防毒通道前进行初步防化处理，如脱除染毒（沾染）外罩以减少毒剂（放射性灰尘）的带入量。

防毒通道：防毒通道是密闭门（防护密闭门）之间的密闭通道，位于工程口部的允许染毒区。防毒通道从缓冲通道到安全区间各密闭通道依次命名为第一、第二防毒通道，第一防毒通道与缓冲通道相连，最后一个防毒通道与安全区相连，同时防毒通道还分别与脱衣间和穿衣检查间相接。

防毒通道是工程口部围护结构的重要组成部分，在人员进出通道上由密闭门及密闭隔墙组成的多道隔断，阻滞工程外部污染物质的渗入工程安全区，保证工程安全区的安全。当工程外界染毒（沾染）后，人员在进入工程安全区必然会带入污染物质，防毒通道可以有效稀释带入或漏入的污染物质的浓度，提高工程整体防化保障能力。

位于工程非主要出入口的防毒通道，由于战时无（或很少）人员出入，防毒通道的密闭门一直处于关闭状态，因此也称为密闭通道。

第2章 防空地下室通风系统组成

2.1 战时通风方式

实现防空地下室内部通风换气的一整套设备与管道系统，称之为通风系统。根据系统各部分担负的任务，通风系统又分为进风系统、排风系统。对温湿度有一定要求的工程，除了设有进、排风系统外，还设有空调送风系统和回风系统。

根据工程内部房间的使用功能，可以将防空地下室内的房间分为送风房间和排风房间两类。

送风房间是人员生活和工作的场所，如人员掩蔽室、办公室、休息室、会议室等，对空气卫生标准要求较高，需要送入新鲜空气或者经过空调处理后具有一定温、湿度的空气。

排风房间是指不断产生异味或有害物的房间，如厕所、厨房、水库、盥洗间、污水泵间、蓄电池间等。为了防止排风房间产生的有害气体向其他房间扩散，将送风房间用过的空气，有序地通过这些排风房间排到工程外。

进风系统将工程外部的新鲜空气输送到工程内部，满足人员呼吸和设备需求。仅有通风而无空调系统的工程，进风系统直接将新鲜空气送到送风房间；对于设置空调系统的工程，进风系统将空气送到空调机房经热湿处理后，由空调送风系统送到送风房间。

排风系统将排风房间的污浊空气有序地排放到工程外，实现排风房间（滤毒通风时保障防毒通道和洗消间）的通风换气。

2.1.1 通风方式及适用时机

防空地下室的通风方式，根据使用时机可分为两类：平时通风和战时通风。

平时通风：平时是指国家或地区既无战争又无明显战争威胁的时期。保障防空地下室平时功能的通风称之为平时通风。如：平时使用的地下车库、地下商场等工程，需要进行通风换气。

战时通风：战时是指国家或地区自开始转入战争状态直到战争结束的时期。保障防空地下室战时功能的通风称之为战时通风。

　　根据战争时期工程外空气的沾染情况和工程的功能，通风方式有所不同。对无防化要求的工程应根据工程内设备的要求进行通风，如柴油发电站通风就要求柴油发电机工作就通风。对有防化要求的工程，战时通风通常采用三种不同的通风方式：清洁式通风、隔绝式通风和滤毒式通风。

1. 清洁式通风

　　这是战争期间工程所在地未受到核生化武器袭击时所采用的通风方式。由于工程时刻有遭袭击的可能，因此工程出入口的门应随时关闭，通风系统上防爆波活门的底座板应关闭拴紧，靠悬摆板与底座板的张角空间和底座板上的孔洞通风，这时外界空气没有受到沾染，认为空气是"清洁"的，称这种通风方法为清洁式通风。

　　当防空地下室未受到核生化袭击又无空袭警报时应采用清洁式通风。

2. 隔绝式通风（隔绝防护时的内循环通风）

　　隔绝式通风是在工程隔绝式防护的前提下实现的内循环通风方式。隔绝式防护是指工程内部空间与外界连通孔口上的门和系统上的阀门全部关闭，利用工程本身的防护能力和气密性，防止核爆炸冲击波、放射性尘埃或毒剂、生物战剂等对工程和掩蔽人员造成毁伤的一种集体防护方式。

　　隔绝式通风的适用时机：

　　（1）敌人对该地实施袭击警报拉响，或遭受袭击的初期；

　　（2）工程外部发生大面积火灾时；

　　（3）外界空气被沾染的情况下，滤毒设备故障或失效时；

　　（4）通风孔口被堵塞，通风设备已遭到破坏时；

　　（5）战术技术要求时。

3. 滤毒式通风（又称过滤式通风）

　　当工程外的空气遭受敌人核、化学或生物武器袭击而被沾染后，进入工程内部的空气应经过除尘滤毒处理，并将使用过的空气靠超压排风系统排出工程，这种通风方式称之为滤毒式通风。

　　滤毒式通风时，工程外的染毒空气必须经滤毒式通风管路上的过滤吸收器处理后才能送入工程使用。如果在外界毒剂浓度很高时就转入滤毒式通风，必将大大缩短滤毒设备的使用寿命，导致滤毒设备很快失效，从而无谓地增加拆换滤毒设备的次数和工作量，可能贻误战机，甚至危及人员的生命安全。因此，工程转入滤毒式通风之前，应掌握工程外遭受袭击的状况，迅速查明毒剂的性质、种类和浓度，确保工程的滤毒设备能去除核生化污染。

　　待初生云团过后，处于下述情况时，工程就应转入滤毒式通风：

　　（1）有人员急需进、出工程，需要工程形成一定的超压值，为防毒通道进行通风换气，以便排出因人员进出带入防毒通道的染毒空气时；

　　（2）毒剂沿工程缝隙进入工程，将要威胁工程内人员的安全时；

　　（3）当工程隔绝防护一段时间后，空气中 CO_2 浓度上升到规定标准，人员感到难以维持时；

　　（4）战术技术要求时。

2.1.2 战时通风方式转换及运行要求

1. 三种通风方式的转换原则

（1）工程在战时使用时，人员进入工程后要关闭防护门、防护密闭门和密闭门。在工程未遭到核武器、化学武器、生物武器袭击之前进行清洁式通风；

（2）当接到空袭警报时，手动或自动控制的通风系统应立即转入隔绝式通风；自动控制的通风系统在核武器、化学或生物武器袭击时依靠报警系统自动转入隔绝式通风；

（3）当查明工程外部放射性沾染程度、化学毒剂和生物战剂的性质及浓度，并验证所设除尘滤毒设备能过滤吸收沾染，隔绝式通风难以继续维持时，转入滤毒式通风；

（4）在滤毒式通风过程中，当发现通过除尘滤毒设备后空气中的放射性灰尘、化学毒剂、生物战剂的量超过允许标准或除尘滤毒设备的通风阻力过大或过小时，要立即转入隔绝式通风，查明原因并进行处理。更换除尘滤毒设备和抢修管道之后，要进行检查，确认性能可靠后，才允许再转入滤毒式通风；

（5）查明工程外部的放射性沾染、化学毒剂、生物战剂已经消失时，转入清洁式通风。但在转入清洁式通风之前，必须对染毒的通风管道、防爆波活门、扩散室、除尘滤毒室及油网除尘器等进行彻底洗消，经检查合格后，方可转入清洁式通风。

2. 通风方式转换运行的要求

（1）各种通风方式按各自的设计风量进行通风；

（2）转入隔绝式通风时，必须先停止排风系统工作，后停止进风系统工作；紧急情况下同时停止进、排风系统工作。绝不允许先停进风系统后再停排风系统，以免造成工程内部出现负压；

（3）隔绝式通风时，当工程内部空气中二氧化碳的浓度超过规范允许的标准，开启氧气再生装置或采用其他技术措施；

（4）转入滤毒式通风时先启动进风系统，以免造成工程内部出现负压；

（5）滤毒式通风时，工程内部要按设计要求超压，工程内部的压力值不允许出现负值；

（6）滤毒式通风时，更换预滤器和过滤吸收器之后，除尘室和滤毒室必须进行通风换气；

（7）工程在清洁式通风时允许人员出入；滤毒式通风时只允许一定比例的人员出入，人员进入工程时要进行洗消和检查。人员出入时必须开一道门关一道门，再打开下一道门，不准同时打开两道门；隔绝式通风时不允许人员出入。

3. 滤毒式通风操作时应注意的事项

（1）当工程所在地域遭到敌人核、生、化武器袭击初期，外界空气受到放射性沾染（或化学或生物战剂的沾染）时，由于情况不明，工程应首先转入隔绝式防护和隔绝式通风。当查明了毒剂的性质，证明该工程所配备的过滤吸收器可以去除空气中的污染，待初生云团过后，沾染浓度降低，且满足一定条件时，才启动滤毒式通风。

（2）转入滤毒式通风时，应先用小风量通风，检查过滤后的空气中含毒是否超过允许浓度，从而判别滤毒设备是否失效，当滤毒设备工作正常后不断加大风量至滤毒式通风设计风量。

（3）当地面处于大面积火灾时，不能转入滤毒式通风。此时地面空气中 CO 和 CO_2 的浓度过高，一般过滤吸收器对 CO 和 CO_2 的防护能力很差，让这种空气进入工程将迅速恶化工程内的空气环境。

2.2 防空地下室进风系统

将工程外部的新鲜空气输送到工程内的通风系统称之为进风系统。防空地下室的进风系统通常由防冲击波设备、粗滤器、过滤吸收器、密闭阀门、进风机以及连接它们的管道组成。

根据防空地下室的用途和防化等级不同，进风系统中防护设备的组成会有所变化。防化级别为乙、丙级的工程应设置清洁式通风、滤毒式通风和隔绝式通风；防化级别为丁级的工程应设置清洁式通风和隔绝式通风。

2.2.1 设清洁和滤毒且分设风机的进风系统

乙、丙级防化级别的防空地下室进风系统布置要求基本相同，如战时为医疗救护工程、防空专业队队员掩蔽部、人员掩蔽工程以及食品站、生产车间和电站控制室、区域供水站的防空地下室，应设置清洁式通风、滤毒式通风和隔绝式通风三种通风方式，滤毒式进风系统中应设置油网滤尘器和过滤吸收器。

进风系统中有清洁进风管路和滤毒进风管路，一般而言，清洁进风管路的风量较大、而阻力较小，滤毒进风管路的风量较小、而阻力较大。因此选用的进风机要满足清洁进风与滤毒进风时的风量和风压要求。当清洁进风机与滤毒进风机分别设置时，便于风机的选用和运行调节，其系统原理见图 2-1，其平面布置见图 2-2，其操作控制表见表 2-1。

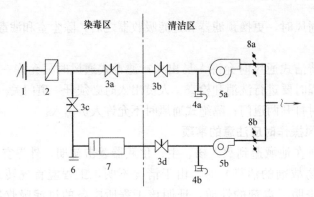

图 2-1 防化乙、丙级的防空地下室进风系统（分设风机）

1—消波设施；2—油网滤尘器；3—密闭阀门；4—插板阀；5—通风机；

6—换气堵头；7—过滤吸收器；8—风量调节阀

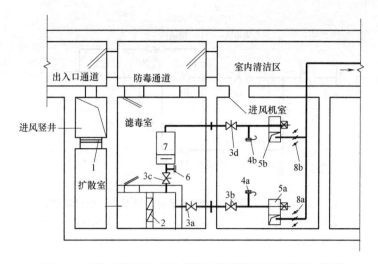

图 2-2 清洁式进风与滤毒式进风分设进风机的平面布置图

1—消波设施；2—粗滤器；3—密闭阀门；4—插板阀；5—通风机；6—换气堵头；

7—过滤吸收器；8—风量调节阀

分设风机进风系统操作控制表　　　　　　　　　　表 2-1

通风方式	阀门		风机	
	开	关	开	关
清洁式通风	3a,3b,8a	3c,3d,4a,4b,8b	5a	5b
隔绝式通风	4a,8a	3a,3b,3c,3d,4b,8b	5a	5b
滤毒式通风	3c,3d　调节 4b,8b	3a,3b,4a,8a	5b	5a
滤毒室通风换气	3d,6　调节 4b,8b	3a,3b,3c,4a,8a	5b	5a

三种通风方式空气流程：

（1）清洁式通风：工程外→1→2→3a→3b→5a→8a→工程内；

（2）隔绝式通风：工程内→4a→5a→8a→工程内。实现工程内空气的内循环，送风机房应有回风通道，实现空气的内部循环；

（3）滤毒式通风：工程外→1→2→3c→7→3d→5b→8b→工程内。调节阀门 8b、4b，控制通过过滤吸收器 7 的风量小于其额定风量。

（4）滤毒室换气通风：过滤吸收器更换后，要通过通风换气消除掉散发的核生化污染，空气流程是工程内空气→密闭通道→滤毒室→6→7→3d→5b→8b→工程内。

2.2.2 设清洁和滤毒且合设风机的进风系统

当战时清洁式进风和滤毒式进风合用一台进风机时，为防止染毒空气沿清洁式管路进入工程内，应设增压管。增压管是在滤毒式通风时，靠风机的出风在清洁管路上两个密闭阀门之间增压，用 $DN25$ 镀锌钢管将风机出口与两个密闭阀门之间管段相连，增压管上设 $DN25$ 铜球阀一只。

清洁式通风与滤毒式通风合用通风机的进风系统原理图见图 2-3，平面布置见图 2-4。其操作控制见表 2-2。

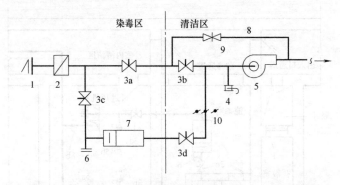

图 2-3 防化乙、丙级的防空地下室进风系统（合设风机）

1—消波设施；2—粗滤器；3—密闭阀门；4—插板阀；5—通风机；6—换气堵头；

7—过滤吸收器；8—增压管（DN25 热镀锌钢管）；9—球阀；10—风量调节阀

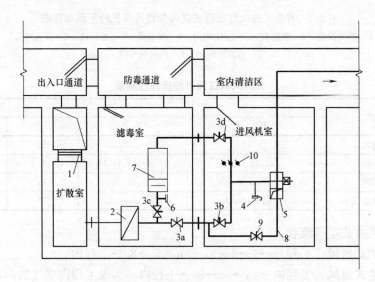

图 2-4 清洁通风与滤毒通风合用通风机的进风系统平面图

1—消波设施；2—油网滤尘器；3—密闭阀门；4—插板阀；5—通风机；6—换气堵头；

7—过滤吸收器；8—增压管（DN25 热镀锌钢管）；9—球阀；10—风量调节阀

合设风机进风系统操作控制表 表 2-2

通风方式	阀门		风机	
	开	关	开	关
清洁式通风	3a,3b	3c,3d,9	5	
隔绝式通风	4,9	3a,3b,3c,3d	5	
滤毒式通风	3c,3d,9 调节 4,10	3a,3b	5	
滤毒室通风换气	3d,9 调节 4,10	3a,3b,3c	5	

三种通风方式空气流程：

（1）清洁式通风：工程外→1→2→3a→3b→5→工程内；

（2）隔绝式通风：工程内→4→5→工程内；

（3）滤毒式通风：工程外→1→2→3c→7→3d→10→5→工程内。调节阀门 10、4，控制通过过滤吸收器 7 的风量小于其额定风量。此时打开阀门 9，是为了在 3a、3b 之间的管道形成高压气塞，防止有毒气体沿清洁通风管道渗入工程内。

（4）滤毒室换气通风：过滤吸收器更换后，要通过通风换气消除掉散发的核生化污染，空气流程是工程内空气→密闭通道→滤毒室→6→7→3d→10→5→工程内。

还有一种常用的进风系统，尽管清洁、滤毒进风机分设，但清洁、滤毒进风管在进风机前又连接在一起，见图 2-5。这种系统应设增压管，其操作控制见表 2-3。

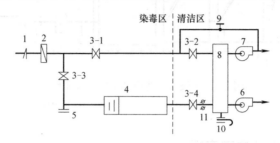

图 2-5 进风机前并联的分设风机进风系统

1—消波设施；2—油网滤尘器；3—密闭阀门；4—过滤吸收器；5—换气堵头；6—滤毒进风机；
7—清洁进风机；8—静压箱；9—增压管；10—插板阀；11—调节阀

进风机前并联的分设风机进风系统操作控制表　　　　表 2-3

通风方式	阀门		风机	
	开	关	开	关
清洁式通风	3-1、3-2	3-3、3-4、9	7	6
隔绝式通风	9、10	3-1、3-2、3-3、3-4	7	6
滤毒式通风	3-3、3-4、9　调节 10、11	3-1、3-2	6	7
滤毒室通风换气	3-4、5、9　调节 10、11	3-1、3-2、3-3	6	7

2.2.3 只设清洁式进风的进风系统

防化丁级工程的通风系统，设置清洁式和隔绝式两种通风方式，如图 2-6 所示。这种通风系统使用场合是一些附属工程、物资库等人员较少而内部空间很大的防空地下室。平时使用和战时清洁式通风时，开启密闭阀门 3a、3b，关闭插板阀 4，开启风机，新风通过新风口、防冲击波设备、油网滤尘器、密闭阀门 3a、密闭阀门 3b、进风机进

图 2-6 丁级防化防空地下室进风系统一

1—防冲击波设备；2—油网滤尘器；3—密闭阀门；4—插板阀；5—进风机

入工程内。当工程所在地受到核生化污染时，关闭密闭阀门 3a、3b，开启插板阀 4，开启进风机，空气在工程内循环。

对物资库类工程，目前设计院一般采用图 2-7 的做法，考虑在敌人空袭时，可以暂停通风，因而《人民防空地下室设计规范》GB 50038—2005 规定其战时进、排风口可采用"防护密闭门＋密闭通道＋密闭门"的防护做法。

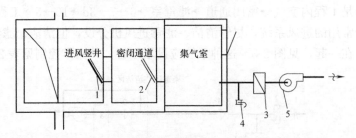

图 2-7 丁级防化防空地下室进风系统二
1—防护密闭门；2—密闭门；3—油网滤尘器；4—插板阀；5—进风机

2.2.4 进风系统设计注意事项

(1) 供战时使用的除尘、滤毒装置应布置在工程口部的专用房间内。除尘滤毒设备房间应设在允许染毒区，而进风机室必须设在清洁区。除尘室、滤毒室和进风机室通常设置在通道的同一侧，避免管道在通道内穿行。

(2) 为了消除滤毒器拆换时核生化污染，除尘滤毒室应达到不小于 15 次/h 的换气次数。

(3) 滤毒式通风和清洁式通风的进风管上应设置两道密闭阀门，第一道密闭阀门宜靠近扩散室设置，最后一道密闭阀门应设置在清洁区；乙级防化的工程进风管道上应采用手动、电动两用密闭阀门，丙级防化的工程宜采用手动、电动两用密闭阀门。

(4) 滤毒式与清洁式通风合用一台风机时，在进风机室应设置增压管，增压管由送风机压出管接至清洁式进风管道上两个密闭阀门之间，且接头位于清洁区的管线上，防止染毒空气沿清洁式管路进入工程内。增压管应采用 $DN25$ 的镀锌钢管，并应设置铜球阀。

(5) 按防化规范要求，滤毒式通风风机前应设置风量测量装置。防止进风量超过滤毒设备的额定风量。

(6) 当两个通风系统合用一个通风竖井时，应采取防倒流措施。

室外通风口应采取防雨、防堵及防倒塌等措施。室外进风口的下沿距地坪距离不宜小于 2m，当布置在绿化地带时，不宜小于 1m。

室外进风口宜设置在排风口、排烟口的上风侧。进风口、排风口的水平距离宜大于 10m 或高差大于 3m；进风口、排烟口的水平距离宜大于 15m 或高差宜大于 6m。

2.3 防空地下室排风系统

防空地下室排风系统由设在排风房间的排风口、排风机、密闭阀门、洗消间的通风设施、排风消波设备以及连接这些设备的管道所组成。

防空地下室排风系统通常设置在工程战时人员的主要出入口部,目的是在滤毒式通风时通过超压排风实现出入工程人员的洗消和防毒通道的通风换气。

防空地下室的排风分为清洁排风和超压排风,分别对应着清洁通风和滤毒通风方式。清洁排风是在清洁通风时保证工程内的空气品质,排风房间要达到规范要求的排风换气次数。超压排风是防空地下室在滤毒通风时工程达到一定超压值的排风。

排风系统设计的核心是战时超压排风系统设计是否合理,它将直接影响工程战时防护功能的发挥,洗消间的通风设计又是战时排风系统设计的重要内容之一。防空地下室在转入滤毒式通风时,依靠调节超压排风系统的排风量来控制工程内的超压值。工程超压的目的在于防止人员进出工程时,将染毒空气带入工程,同时有利于阻止毒剂在自然压差的作用下,沿各种缝隙进入工程。相关设计规范规定,对于工程防化等级为乙级、丙级的人防工程,主体超压值应分别达到≥50Pa、≥30Pa。

2.3.1 洗消间与简易洗消间

医疗救护工程、防空专业队工程、一等人员掩蔽工程、食品站和生产车间等防化乙级的工程,应设置洗消间,实现人员的全身洗消;二等人员掩蔽工程等防化丙级的工程,应设置简易洗消间,实现人员的局部洗消。

1. 洗消间

洗消间是战时供受沾染人员消除全身有害物的房间。通常由脱衣间、淋浴间和穿衣检查间组成,对人员进行洗消,并进行染毒程度检查。

当设两个防毒通道时,洗消间宜设在第一、二防毒通道之间,由第一防毒通道进,从第二防毒通道出。

脱衣间是需要洗消的人员进入淋浴间进行洗消之前,脱去各种染毒、沾染衣物的房间。为了防止毒剂和放射性沾染继续扩散,应将脱下的衣物等置于密封的塑料袋内。该房间比淋浴间和穿衣检查间遭受污染的程度重,战时每次使用后均应进行认真的洗消。因此该房间的墙壁和地面应做防水处理,并设排水地漏。

淋浴间是人员进行淋浴洗消的房间。

洗消人员经过淋浴洗消后,进入穿衣检查间进行检查,检查合格后方可穿上清洁的衣服进入工程内,否则要重新回到淋浴间再次洗消。

2. 简易洗消间

战时供受沾染人员消除局部皮肤上有害物的房间。二等人员掩蔽工程,在战时主要人员出入口设有简易洗消间,进口开在防毒通道内,出口开在工程清洁区内,并设密闭门;也可以将简易洗消间设在防毒通道内。

2.3.2 设洗消间的战时主要出入口

设洗消间的战时主要出入口典型平面布置见图2-8。结合该图我们先了解一下战时人员进出工程的流程。

战时清洁式通风状态下,人员由工程外进入时,通过缓冲通道③,打开防护密闭门

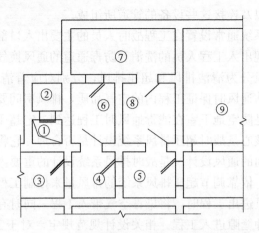

图 2-8 设洗消间的排风系统平面布置图

①—排风竖井；②—扩散室或扩散箱；③—缓冲通道（或室外）；④—第一防毒通道；⑤—第二防毒通道；

⑥—脱衣间；⑦—淋浴间；⑧—穿衣检查间；⑨—排风机房

进入第一防毒通道④，关闭防护密闭门后，打开第一道密闭门，进入第二防毒通道⑤，然后开启第二道密闭门进入工程，关闭第二道密闭门。出工程时，顺序相反。

工程处于隔绝状态下，禁止人员进、出工程。

滤毒通风时，允许少量人员进出。由于此时外界空气染毒，人员从工程外进入工程时，首先在缓冲通道内充分拍打防毒衣或外套上沾染的放射性粉尘或毒剂，然后打开防护密闭门进入第一防毒通道④，在此通道逗留 3～5min 后，进入脱衣间⑥，脱去防毒衣和外套并密封保存，进入淋浴间⑦进行全身淋浴洗消，之后进入穿衣检查间⑧，检查合格后方可穿上清洁的衣服，进入第二防毒通道，打开最后一道密闭门，进入工程。出工程的顺序相反，不同的是不需要淋浴和逗留。进出工程时，关一道门再开下一道门，不允许同时打开两道门。

2.3.3 设洗消间和两种超压方式的排风系统布置

依据排风系统图 2-9，战时三种通风状态下排风系统的流程为：

清洁式排风时，开启阀门 3a、3b、排风机 5，关闭其他阀门。工程内排风房间的空气通过排风口、排风机、阀门 3a、3b、排风扩散室②、防爆波活门 1、排风竖井①，排出工程。

隔绝式通风时，排风系统所有的阀门、风机全部关闭，自动排气活门关紧锁死。

滤毒式通风时，排风系统要完成两项任务：一是工程的超压，二是防毒通道及洗消间通风换气。

首先看工程超压。超压指的是工程内部空气压力高于工程外。工程超压的目的是阻止毒剂在自然压差的作用下，沿各种缝隙进入工程；同时防止人员进出工程时，将染毒空气带入工程。滤毒式通风通常采用全工程超压和口部局部超压两种超压方式。

1. 全工程超压排风

使工程内部整体的空气压力大于工程外部空气压力的方法，称之为全工程超压。以

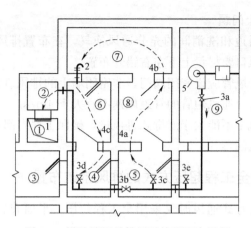

图 2-9 设洗消间的排风系统平面布置图

1—防爆波活门；2—自动排气活门；3—密闭阀门；4—通风短管；5—排风机
①—排风竖井；②—扩散室或扩散箱；③—缓冲通道（或室外）；④—第一防毒通道；
⑤—第二防毒通道；⑥—脱衣室；⑦—淋浴室；⑧—穿衣室；⑨—排风机房

图 2-9 为例，在滤毒式通风时，排风系统转入全工程超压排风的形式。即关闭排风机 5 和阀门 3a、3b，打开阀门 3e、3c、3d。当工程内压力上升到所要求的超压时，自动排气活门 2 将自动开启，进行超压排风。其超压排风的气流从阀门 3e、3c 首先进入第二防毒通道，然后依次通过短管 4a、流经穿衣检查间、4b、淋浴间、自动排气活门 2、脱衣间、4c、第一防毒通道，最后经阀门 3d、扩散室、防爆波活门、排风竖井，排到工程外。

2. 局部超压排风

依靠排风机在相关防毒通道和洗消间形成超压的方法，称之为局部超压。以图 2-9 为例，局部超压排风时，关闭阀门 3e、3b，打开阀门 3a、3c、3d，启动排风机，在第二防毒通道和穿衣检查间形成超压，自动排气活门 2 开启，气流在防毒通道和洗消间按全工程超压的顺序最后通过排风井到工程外。

可以看出，无论是全工程超压还是局部超压，其滤毒排风气流流程与人员进入工程时的顺序完全相反。因此，当外界空气染毒情况下，人员进入工程开门时，向外的排风气流，一方面可以减少人员带入污染空气，同时排风气流会不断稀释带走人员带入防毒通道和洗消间的污染物，实现防毒通道和洗消间的通风换气。

据以上分析，可以归纳出设洗消间和两种超压方式的排风系统战时通风方式操作见表 2-4。

设洗消间的排风系统操作控制表　　　　　　　　　　　　表 2-4

通风方式		阀门		排风机	
		开	关	开	关
清洁式通风		3a,3b	3c,3d,3e,2	5	
隔绝式通风			3a,3b,3c,3d,3e,2		5
滤毒式通风	全工程超压	3e,3c,2,3d	3a,3b		5
	口部局部超压	3a,3c,2,3d	3e,3b	5	

3. 需要注意的几个问题

（1）为保证防毒通道和洗消间的充分通风换气，在布置排风系统时要避免通风死角，每一房间的进出风口要尽量上下左右错开布置。

（2）密闭墙上的排风管应设密闭阀门，非密闭墙上的排风口宜在墙上设置通风短管或在门上设置通风百叶。通风短管的管道风速不宜大于 $4m/s$。

（3）局部超压排风量不能大于滤毒式进风量，确保工程内部不出现负压，以防工程的不严密部位向工程内漏毒。

2.3.4　设洗消间和全工程超压方式的排风系统布置

有的工程设计，滤毒式通风时仅采用全工程超压。平面布置见图 2-10。其排风系统操作控制表见表 2-5。

可以参照 2.3.2 节和 2.3.3 节的分析方法，对应分析理解，不再赘述。

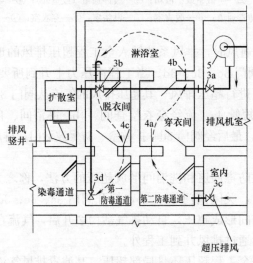

图 2-10　设洗消间的排风系统平面布置图（只设全工程超压）
1—防爆波活门；2—自动排气活门；3—密闭阀门；4—通风短管；5—排风机

设洗消间的排风系统操作控制表（只设全工程超压）　　　　表 2-5

通风方式	阀门		排风机	
	开	关	开	关
清洁式通风	3a,3b	3c,3d,2	5	
隔绝式通风		3a,3b,3c,3d,2		5
滤毒式通风	3c,2,3d	3a,3b		5

2.3.5　设简易洗消间的排风系统

丙级防化的防空地下室设简易洗消间和全工程超压方式。在《人民防空地下室设计规范》GB 50038—2005 中，简易洗消间的设置有两种布置方式，一种是在防毒通道内设置专门的简易洗消区，即所谓的防毒通道兼简易洗消间；另一种是设专门的简易洗消间。

1. 防毒通道兼简易洗消间排风系统

防毒通道兼简易洗消间的排风系统布置见图 2-11，三种通风方式控制见表 2-6。

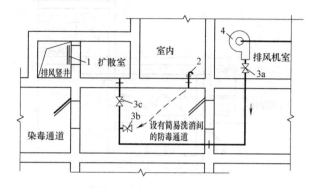

图 2-11　简易洗消设施置于防毒通道内的排风系统
1—防爆波活门；2—自动排气活门；3—密闭阀门；4—排风机

简易洗消设施置于防毒通道内的排风系统三种通风方式操作控制表　　表 2-6

通风方式	阀门		风机	
	开	关	开	关
清洁式通风	3a,3c	3b,2	4	
隔绝式通风		3a,3b,3c,2		4
滤毒式通风	2,3b,3c	3a		4

2. 设简易洗消间的排风系统

在设计中，设简易洗消间的排风系统有两种布置方法，排风布置见图 2-12 和图 2-13，全工程超压方式，三种通风方式控制见表 2-7。图 2-12 和图 2-13 的区别在于

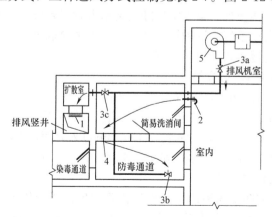

图 2-12　设简易洗消间的排风系统（一）
1—防爆波活门；2—自动排气活门；3—密闭阀门；4—通风短管；5—排风机

阀 3c 的位置不同。图 2-12 中清洁式通风管路有 3a、3c 两道密闭阀，超压排风管路上有 2、3b、3c 三道密闭阀。图 2-13 中，清洁式通风管路有 3a、3c 两道密闭阀，超压排风管路 2、3b 两道密闭阀。两种方法均满足规范要求。

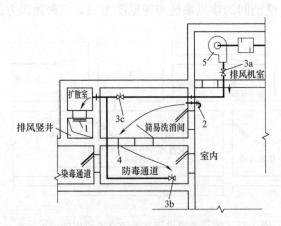

图 2-13 设简易洗消间的排风系统（二）
1—防爆波活门；2—自动排气活门；3—密闭阀门；4—通风短管；5—排风机

设简易洗消间的排风系统三种通风方式阀门风机操作控制表　　　表 2-7

通风方式		阀门		风机	
		开	关	开	关
清洁式通风		3a、3c	3b、2	5	
隔绝式通风			3a、3b、3c、2		5
滤毒式通风	（一）	2、3b、3c	3a		5
	（二）	2、3b	3a、3c		5

2.3.6 防毒通道的通风换气

滤毒式通风时，为防止外界染毒空气随人员出入时侵入或带入工程内，应对人员出入口的防毒通道进行通风换气。这种措施的防毒效果主要取决于换气次数的大小，而防毒通道的换气次数又与滤毒式通风量紧密相关。

1. 防毒通道通风换气的必要性

当外界染毒时，人员从染毒区进入工程，必将产生带毒现象。一方面毒物附着在衣服、装具上；另一方面染毒空气随人员开门进入通道。如不及时降低毒剂浓度，人员就不能尽快地进入脱衣间脱掉防毒器材和衣物，不仅影响进入时间，更严重的是染毒空气进入工程内，将直接威胁工程内人员的生命安全。因此，防毒通道的通风换气是十分必要的。

2. 换气次数 K 的计算公式

换气次数 K 是影响防毒通道内染毒空气排除速度的重要因素。在通风过程中，防毒通道内毒剂浓度 c 的变化规律与换气次数 K 之间存在下列关系：

$$c = \frac{c_0 \cdot u}{V} e^{-kt} \tag{2-1}$$

式中 c——空气中毒剂的允许浓度，mg/m^3；

c_0——外界空气的毒剂浓度，mg/m^3；

u——随人员进出工程而进入通道的染毒空气量，m^3；

t——进入工程的人员在通道内停留的时间，h；

V——防毒通道的体积，m^3；

K——防毒通道的换气次数，次/h。

由式（2-1）可得：

$$K = \frac{1}{t} \ln \frac{c_0 u}{cV} \qquad (2-2)$$

将式（2-2）变换后得：

$$t = \frac{1}{K} \ln \frac{c_0 u}{cV} \qquad (2-3)$$

分析式（2-2）和（2-3），可知：

（1）如果防毒通道的换气次数 K 增大，则毒剂降到允许浓度 c 所需时间就会减少；反之则增大。

（2）换气次数 $K = L/V$，对某一既定的工程而言，防毒通道的体积 V = 常数。因此，防毒通道的排风量 L 将随着换气次数 K 值的增大而相应增大。排风量 L 增大的结果将直接导致滤毒式进风量的增加，从而增加过滤吸收器的台数，这是不经济的。

（3）当换气次数 K 减小时，虽然节省工程造价，却延长了人员在防毒通道中的停留时间。从防毒的角度来看，人员在防毒通道中停留的时间长一点，有利于降低 c 值。从战术要求上看，人员在防毒通道中停留的时间一般不超过 3～5min。

防空地下室通风及防化有关设计规范规定：滤毒式通风时，人员出入口防毒通道应进行换气。乙级、丙级防化要求的工程，最小防毒通道换气次数分别取 ≥50 次/h、≥40 次/h。

2.4 防空地下室隔绝防护时间及其延长的技术措施

2.4.1 隔绝防护时间

防空地下室在隔绝式防护时，外界空气不允许进入工程内，而工程内部人员不断呼吸消耗 O_2、排出 CO_2，工程内的 CO_2 浓度将随着密闭时间的延长持续上升，当浓度到达规定的上限时，可认为人员靠内部空气已经无法继续维持。从隔绝防护开始至工程内 CO_2 到达浓度上限所持续的时间称为隔绝防护时间。

为了有效发挥防空地下室的人员集体防护功能，根据核化武器的污染和扩散特性、防空地下室的使用功能和防化等级，战术技术指标规定了防空地下室应具备的隔绝防护时间和隔绝防护时 CO_2 浓度上限，具体参数见表 2-8。

隔绝式防护的防化指标 表 2-8

防化级别	隔绝防护时间(h)	CO_2 浓度(V%)	O_2 浓度(V%)	CO 浓度(mg/m^3)	沙林浓度(mg/L)
乙	≥ 6	≤ 2.0	≥ 18.5	≤ 30	$\leq 2.8 \times 10^{-6}$
丙	≥ 3	≤ 2.5	≥ 18.0	≤ 40	$\leq 5.6 \times 10^{-6}$
丁	≥ 2	≤ 3.0	—	—	—

2.4.2 隔绝防护时间的计算

工程具备的隔绝防护时间与工程清洁区的容积、工程内隔绝防护人数、人员的工作状态等因素有关。

隔绝防护时间可由式（2-4）计算：

$$t = \frac{1000 V_0 (c - c_0)}{n c_1} \qquad (2\text{-}4)$$

式中 t——隔绝防护时间，h；

V_0——防空地下室内清洁区容积，m^3；

c——隔绝防护时二氧化碳允许浓度，%，见表 2-8；

c_1——每人每小时呼出的二氧化碳量，m^3/h，掩蔽人员可取 20L/h，工作人员可取 25L/h；

c_0——隔绝防护前清洁式通风时二氧化碳浓度，%，可按表 2-9 采用；

n——防空地下室内总人数。

清洁式通风时工程内 CO_2 含量 表 2-9

清洁式人均新风量(m^3/h)	25~30	20~25	15~20	10~15	7~10	5~7	3~5	2~3
CO_2(%)	0.13~0.11	0.15~0.13	0.18~0.15	0.25~0.18	0.34~0.25	0.45~0.34	0.72~0.45	1.05~0.72

2.4.3 延长隔绝防护时间的技术措施

影响防空地下室隔绝防护时间的长短，主要有两个因素：

工程的气密性是影响隔绝防护时间的决定因素之一，工程结构本身和孔口防护设备的气密性是防止毒剂进入工程的关键。这些部位不严密，毒剂就会在外界自然压差的作用下，沿缝隙进入工程内部，当毒剂达到最低伤害浓度时，隔绝防护失效。因而战时对门缝、电缆孔、通风系统的阀门、水封等进行密闭检查和整修是至关重要的战备环节。

人员呼吸、吸烟和燃点灯烛是耗氧和产生二氧化碳的根源。当二氧化碳浓度达到规定标准时，无法继续隔绝，这是影响工程隔绝时间的另一决定性因素。

为了延长隔绝防护时间，应采用相应的技术措施：

（1）增强工程的气密性

增强工程的气密性主要从两个方面采取措施：一是精心设计、精心施工，确保工程质量，搞好密闭处理的各环节（如混凝土应捣固密实，防止蜂窝鼠洞的产生；出入口的门能关闭严密；各种穿墙管孔填密实不漏气；地漏、水封等能防爆和密闭），保证防空地下室具有良好的密闭性能。二是加强工程的平时维护管理，对于门框、铰页、通风系统的阀门、水系统的阀门、地漏等铁件应定期检查，做好防腐工作，始终保持完好状态。定期对工程进行气密检查，以便及时发现问题，解决问题。

（2）尽量减少二氧化碳发生量和氧气消耗量

人防工程中氧含量的降低和二氧化碳浓度的增加是同时发生的，主要由人员呼吸和燃烧引起的。因此，应尽量减少工程内人员不必要的活动，避免吸烟和燃点灯烛。

（3）采用氧气再生装置

为了延长工程的隔绝防护时间，我国研制了可以消除二氧化碳同时生成氧气的装置，其中列入装备的有 65 型（原名 KZ-2 型）对流式氧气再生装置。该装置外形如图 2-14。

65 型氧气再生装置是由空气再生装置壳体和药板箱组成。再生药板是装有再生药粒的钢丝网板，再生药粒为黄色碱性强氧化剂，失效后变成白色。其成分为：超氧化钠（NaO_2）占 95%，过氧化钙（CaO_2）占 5%。当工程处于隔绝通风时，CO_2 浓度上升到允许标准时，可开启此装置维持人员的生存。

图 2-14　65 型氧气再生装置

作用原理：隔绝式通风时，含有水蒸气和二氧化碳的空气，经过下部箍箍进气孔及箱体侧面百叶窗进气孔进入再生装置，水蒸气和二氧化碳与药粒接触起化学作用，CO_2 被吸收，释放出氧气，同时释放热量，装置中的空气被加热上升，经上部箱箍气孔排出，这样在室内就形成了对流。其化学反应如下：

$$NaO_2 + H_2O \longrightarrow NaOH + O_2 + 热$$

$$2NaOH + CO_2 \longrightarrow Na_2CO_3 + H_2O + 热$$

当人防工程隔绝（进入隔绝式通风）2h 以后，每小时须测定一次空气中的 CO_2 浓度，以判定是否需要使用再生装置。使用再生装置的时机，应根据隔绝式通风时 CO_2 的允许浓度标准确定。

（4）高压氧气钢瓶供氧

在隔绝式防护时，也可利用钢瓶里的高压氧气不断向空气中补充，以维持人员的呼吸需要。一个容积为 40L 的钢瓶，当压力在 125~150 个大气压时，贮氧量可达 5000~6000L。按每人每小时需氧量 20~25L 计，可供 200~300 人用 1h。

由于高压氧气钢瓶只能供氧，不能消除 CO_2，所以最好与消除 CO_2 器材结合使用。钢瓶的压力很高，必须妥善保管或更换。

（5）氧烛制氧

氧烛是在氯酸盐中加入燃料、抑氯剂和粘结剂形成的固体制氧原料。因其燃烧分解过程沿着烛体逐层进行，故被命名为氧烛。目前一般采用氯酸钠作为氧源。其单位体积的含氧量与液氧相差很小，是 15.5MPa 商用压缩氧的 6 倍。在航天空间站则使用价格昂贵的高氯酸锂为原料，因含氧密度最大，可以减少占用空间，并减轻发射时的重量负荷。

碱金属的氯酸盐和高氯酸盐都可以由热分解而产生纯净的氧气。化学反应式如下：

在适中的温度条件下：

$$4MClO_3 \xrightarrow{\triangle} 3MClO_4 + MCl \quad MClO_4 \xrightarrow{\triangle} MCl + 2O_2$$

高温条件下：

$$2MClO_3 \xrightarrow{\triangle} 2MCl + 3O_2$$

如果在分解过程中有水存在，会残生氯气：

$$2MClO_3 \xrightarrow{H_2O} M_2O + Cl_2 + 2\frac{1}{2}O_2$$

氯酸盐热分解一般都发生在熔点以上，并且随着氧气的产生而释放出热量。热分解是逐步进行的：

$$NaClO_3(固体,室温) \xrightarrow{\triangle} NaClO_3(固体,融化温度 261℃)$$

$$\xrightarrow{\triangle} NaClO_3(液体,融化温度 261℃) \xrightarrow{\triangle} NaClO_3(液体,分解温度 478℃)$$

$$\longrightarrow NaCl + \frac{3}{2}O_2 + 热量$$

降低杂质气体含量是氧烛制氧技术的一个难点，目前的主要方法为提高原料纯度和加入抑氯剂，但仍不能完全避免微量有害气体的产生。为此，必须将氧烛产生的氧气通过化学过滤器，利用化学吸附，消除有害气体。目前有供单人使用和工程使用的两种氧烛制氧机。

（6）二氧化碳的清除

① 碱金属超氧化物和氢氧化物吸附：如前面叙述的 65 型氧气再生装置。苏联和俄罗斯始终以超氧化钾作为防护工程、潜艇、航天器等密闭空间中清除二氧化碳的吸附剂，而氢氧化锂则在美国、西欧国家应用普遍。氢氧化锂对二氧化碳理论吸附率为 92%（1kg 氢氧化锂吸附 0.92kg 的二氧化碳）。

无水 LiOH 吸收 CO_2 的反应式为：

$$2LiOH + CO_2 \longrightarrow 2Li_2CO_3 + H_2O + Q$$

上述反应分为两步完成，无水 LiOH 首先吸收被处理气流中的水分，生成 LiOH 的水化物 $LiOH \cdot H_2O$：

$$LiOH + H_2O \longrightarrow LiOH \cdot H_2O$$

$LiOH \cdot H_2O$ 再与 CO_2 反应生成 Li_2CO_3 和 H_2O，并放出热量：

$$2LiOH \cdot H_2O + CO_2 \longrightarrow Li_2CO_3 + 3H_2O$$

研究表明，室温下空气的相对湿度为 50%～70% 时，反应都能很好地开始和维持。

由于氢氧化锂分子量小、密度轻、工程应用时容易起尘，会对人员和设备造成伤害，通常将氢氧化锂加工成平板或圆柱状颗粒物，封闭在吸附罐中使用。国内于2002年研制出一种"氢氧化锂＋活性炭纤维"复合材料，该材料以氢氧化锂为主要吸附剂，选用活性炭纤维布为载体，制得"氢氧化锂＋活性炭纤维"材料。活性炭纤维具有良好的表面结构和很强的吸湿性，可以使附载的氢氧化锂具有较大的反应面积，并且能及时消除反应过程中的生成水。

②石灰（拌水）：将生石灰（CaO）加少量的水熟化，然后再加适量的水搅拌均匀，灰水比控制在8：1～3：1（重量比）之间。其作用原理是：

石灰遇水后，生成氢氧化钙： $CaO + H_2O \longrightarrow Ca(OH)_2$

氢氧化钙容易吸收酸性的二氧化碳： $Ca(OH)_2 + CO_2 \longrightarrow CaCO_3 + H_2O$

石灰（拌水）吸收剂可直接铺在地面上，也可以放在金属网框架上，吸收性能与环境的温湿度有关。通常温度在20℃以上，相对湿度大于70%时，吸收性能较好。

③碱石灰：碱石灰是由烧碱、生石灰和水混合溶化后再烘干而制成一种粒状 CO_2 吸收剂。其基本原理和使用方法与石灰（拌水）相同。加入烧碱是为了使吸收剂在使用过程中保持一定的水分，增强碱性，并能增加吸收剂的颗粒强度和多孔性。试验表明，当 CO_2 浓度上升到3%时，每人使用0.75kg碱石灰，铺放面积 $0.275m^2$ ，可在4～5h内保持 CO_2 浓度不再上升。

2.5 防化化验室通风

防化化验室进行战时毒剂样品的化验工作，甲级防化的人防工程，应在战时人员主要出入口的检查穿衣室一侧设防化化验室。防化化验室的平面布置见图2-15，当防化化验室与检查穿衣室之间的隔墙上设样品传递密闭窗时，其密闭门与工程主体相通；当不设样品传递密闭窗时，其密闭门与第二防毒通道或检查穿衣室相通。

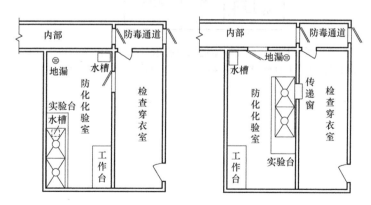

图 2-15 防化化验室平面布置示意图

防化化验室室内应设置自循环滤毒通风系统，该系统由通风柜、过滤吸收器、通风管道与密闭阀门和风机组成，通风量按换气次数不小于8次/h确定，并应满足通风柜窗口宽度为700mm、开启高度为300mm时，窗口风速不小于0.4m/s的要求。

防化化验室通风系统图见图 2-16、图 2-17。

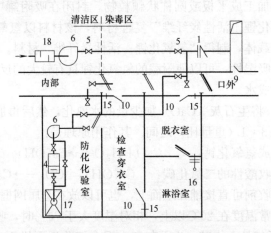

图 2-16　防化化验室通风流程示意图（不设传递窗）

1—防爆波活门；4—过滤吸收器；5—密闭阀门；6—风机；9—防爆检查门；10—普通门；
15—通风短管；16—超压排气活门；17—通风柜；18—消声器

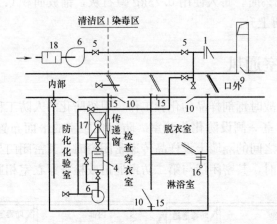

图 2-17　防化化验室通风流程示意图（设传递窗）

1—防爆波活门；4—过滤吸收器；5—密闭阀门；6—风机；9—防爆检查门；10—普通门；
15—通风短管；16—超压排气活门；17—通风柜；18—消声器

第3章 防空地下室通风防护设备

防空地下室战时通风系统要实现预定的防护功能，通风系统必须设置防冲击设备、除尘滤毒设备、密闭阀门、超压排气阀门等通风防护设备。本章将对这些设备进行介绍。

3.1 防冲击波设备设施

防冲击波设备设施，分别设在进风口、排风口和排烟口，用来削弱冲击波强度。目前，国内外所采用的防冲击波设备归纳起来不外乎有两类：一是以"挡"为特征，如各种防爆波活门等，防爆波活门是设置于通风口的外侧，在冲击波到来时能够迅速关闭的防冲击波设备。人防工程常用的有悬板式防爆波活门和胶管式防爆波活门。二是以"消"为特征，如活门室、扩散室等。

防冲击波设备一般由土建设计人员选择、布置，通风专业人员进行配合，负责提供通风量和消波后的余压要求。通风设备抗空气冲击波允许压力见表 3-1。

通风设备抗空气冲击波允许压力　　　　　　　　表 3-1

设备名称		允许压力（MPa）
油网滤尘器(经过加固)		0.05
泡沫塑料过滤器		0.04
预滤器、过滤吸收器		0.03
密闭阀门、自动排气活门、通风机		0.05
柴油发电机组燃烧空气管		0.05
增压柴油发电机排烟管	三等及以上指挥工程	0.05
	其他防空地下室	0.20
非增压柴油发电机排烟管	三等及以上指挥工程	0.10
	其他防空地下室	0.30
超压自动排气阀门	$P_s(P_d)$-D250 型及 YF 型	0.05
防爆超压自动排气活门	FCH150、200、250、300 型	0.30

3.1.1 悬板式防爆波活门

1. 构造及工作原理

悬板式防爆波活门主要由底座板、悬摆板、铰页和挡板等部件组成,如图 3-1 所示。

悬摆板平时在自重作用下保持一定角度的张开状态。底座板上开设有若干圆形或条形孔洞。平时通风时,空气通过悬摆板与底座板间张开角度的空间和底座板上的孔洞流出或流入防空地下室;当冲击波压力作用时,悬摆板在冲击波压力作用下,与底板重合,将冲击波挡在外面。

为防止悬摆板在冲击波负压作用下遭到破坏并限制悬摆的最大张开角,设置了用角钢做成的限位座。为防止悬摆板在冲击波负压作用时和正压作用反弹时再度张开,有些型号的活门悬摆板具有自闭装置,以保证关闭后的悬摆板自行闭锁。

悬板式防爆波活门工作可靠,构造简单,消波率较高。

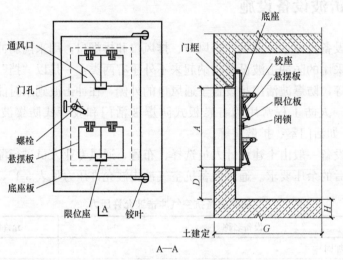

图 3-1 悬板式防爆波活门

2. 规格性能

目前防空地下室采用最多的是底座板平时可以打开的门式悬板活门,和平时期使用门洞进排风,战时将底座板(门扇)关闭,靠底座板上的孔洞进、排风。应用最广泛的是 HK 系列和 MH 系列,其性能见表 3-2。

常用悬板式活门性能参数   表 3-2

型号	通风管径 (mm)	安全区最大风量 (m^3/h)	门洞尺寸(宽×高) (mm)	平时最大通风量 (m^3/h)
HK400(5)	400	3600	440×800	12670
HK600(5)	600	8000	620×1400	31200

续表

型号	通风管径 （mm）	安全区最大风量 （m³/h）	门洞尺寸（宽×高） （mm）	平时最大通风量 （m³/h）
HK800(5)	800	14500	650×2000	46800
HK1000(5)	1000	22000	850×2100	64260
BMH2000-30	300	2000	500×800	14400
BMH3600-30	400	3600	500×800	14400
BMH5700-30	500	5700	500×800	14400
BMH8000-30	600	8000	500×1250	22500
BMH11000-30	800	11000	600×1250	27000
BMH14500-30	800	14500	600×1700	36720

3. 防爆波活门余压的计算

冲击波经活门后的余压 $\Delta P_{余}$ 可按式（3-1）计算：

$$\Delta P_{余}=(1-\eta)\Delta P_{\lambda} \tag{3-1}$$

式中　$\Delta P_{余}$——冲击波余压，MPa；

　　　η——活门的消波率，%，有闭锁装置的悬板活门取 80%～85%，无闭锁取 70%～75%；

　　　ΔP_{λ}——活门上的作用压力，MPa。

4. 选择方法

进风口部的悬板式活门，由于活门在进风系统的吸入端，自动悬垂的悬板受一定重力的限制，如果进风量过大活门悬板会自动关闭，影响使用，因而进风量就有个安全区最大风量。因此，选用进风活门时，应在其型号的安全区最大风量范围内。排风或排烟也不应超过安全区风量范围，否则将使阻力增大。

两个或两个以上活门并联通风时，要求型号相同，并且以对称的形式安装，以保证每个活门均匀分配风量。

根据通风孔口活门的计算荷载和设计风量可从表 3-2 中直接选出活门型号。对应不同型号的活门，计算不同通风量时的阻力可在通风量与阻力关系曲线中查取，如图 3-2 所示。

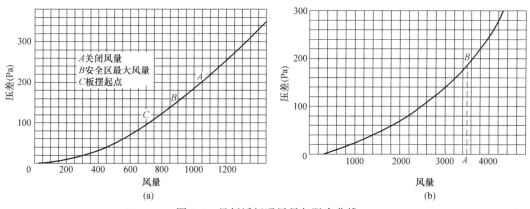

图 3-2　悬板活门通风量与阻力曲线
（a）MH900；（b）HK400

5. 设计安装要求

（1）活门板应嵌入墙表面内，避免冲击波从侧面作用时影响活门的关闭；

（2）为避免活门上的橡胶被强烈的光辐射烧蚀和在活门关闭后活门板与底座粘结在一起，设计时应将活门设置在不受光辐射照射的部位；

（3）活门关闭时悬板与底座的缓冲胶板贴合严密；开启时悬板可自动开启至限位座；安装牢固，底座板垂直；装定后，悬板应转动灵活，能自行开启到限位座；

（4）当活门与风管连接时，可在现场自行加工变径管与底框连接。

3.1.2 胶管防爆波活门

胶管防爆波活门（以下简称胶管活门）是防空地下室进、排风系统中一种高效的防爆波活门。它具有消波率高、启闭灵活、不需任何传动机构等特点。

1. 构造原理

胶管活门是采用柔软而富有弹性的橡胶材料制成的胶管为消波主体，用卡箍固定在钢体门扇上，组成具有通风消波性能的活门，见图3-3，它和悬板活门同属于冲击波直接关闭型活门。

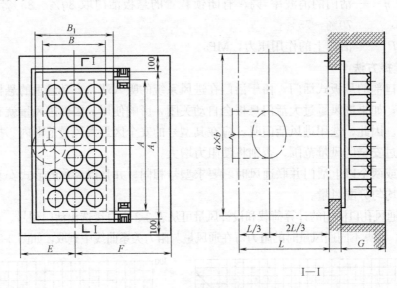

图3-3　胶管活门

胶管活门已定型设计出七套（规格为 $\phi200$、$\phi300$、$\phi400$、$\phi500$、$\phi600$、$\phi800$、$\phi1000$），参数见表3-3。由于胶管活门安装使用不需要扩散室，节省土建开支，也给使用带来方便。可以和防护门合为一体组成胶管活门防护门，其风量大小用增减胶管数量来实现。

2. 技术性能

（1）消波性能：胶管质轻，弹性变形大，在冲击波动载作用下，容易失稳变形，闭合快，密闭性能好，消波率高。在抗力 $0.02\sim1.3$MPa 范围内，消波率最高可达97%。

（2）通风性能：在风速为 8m/s 时，单根胶管的风量为 225m³/h，可根据风量大小组合使用，通风阻力约为 100Pa。

（3）适用条件：胶管活门适用抗力为 0.6MPa 以下的防空地下室，温度在－30～＋40℃，在 20℃条件下，使用年限 10 年左右。在密封或低温条件下保存，胶管的寿命会更长。在和平时期胶管活门允许只安装门框和门扇，不装胶管（密封保管），战时可快速安装。

3. 安装形式

胶管活门和悬摆活门的用法类同，但胶管活门不需要配置扩散室，排风系统可直接或以较小的过渡段与风管相连，见图 3-4。进风系统可以利用除尘箱或除尘室代替过渡段，见图 3-5。

已定型的胶管活门参数 表 3-3

活门型号	战时最大通风风量 (m³/h)	门孔尺寸 (mm)		门扇尺寸 (mm)		胶管个数 D＝100mm	门扇重量 (kg)	活门重量 (kg)	平时最大通风风量 (m³/h)
		B	A	B₁	A₁				
KJH00203	900	320	320	440	440	4	14	45	3600
KJH00303	2000	440	440	580	580	9	22	60	6900
KJH00403	3600	440	880	560	1000	16	60	133	17700
KJH00503	5600	560	1040	700	1200	25	85	164	20900
KJH00603	8000	700	1200	840	1360	36	125	225	30200
KJH00803	14500	840	1800	1000	1960	64	266	500	54400
KJH01003	22600	980	2240	1140	2400	100	402	570	79000

注：表 3-3 中战时最大通风风量是指流经胶管活门的风速为 8m/s 时胶管活门的通风量；平时最大通风风量是指打开活门底座板，利用门孔通风，风速最大值为 10m/s 时的通风量。

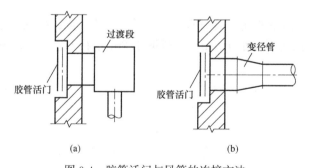

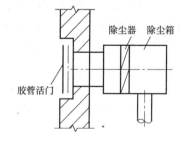

图 3-4 胶管活门与风管的连接方法 图 3-5 除尘箱或除尘室代替过渡段
（a）胶管活门与过渡段；（b）胶管活门和风管直接连接

3.1.3 其他消波设备

在较高抗力的工程中，为使消波系统后的余压不超过通风系统和设备的允许余压见表 3-1，除消波活门外，还必须有扩散室、活门室或过渡箱等消波设施，配套组合成消波系统。

1. 扩散室

扩散室是利用一个突然扩大的空间来削弱冲击波压力的防护设施。当冲击波由断面较小的管道进入断面较大并且具有一定体积的扩散室内时，气体膨胀、分子扩散，密度下降，因而压力降低。扩散室的形式有矩形、拱形或圆形等，其构造见图 3-6。为保证消波效果，其宽度与高度应尽量接近，最多不能相差一倍；横断面面积应大于入口断面积的 9 倍；长度 L 应为宽度或高度的 2～3 倍。同时其进口宜开在前面端墙上；出口应开在距冲击波入口端墙 2/3L 处的侧墙上，因该处余压较小。扩散室设有人孔和水封地漏，以便人员检查和排水，如图 3-7 所示。

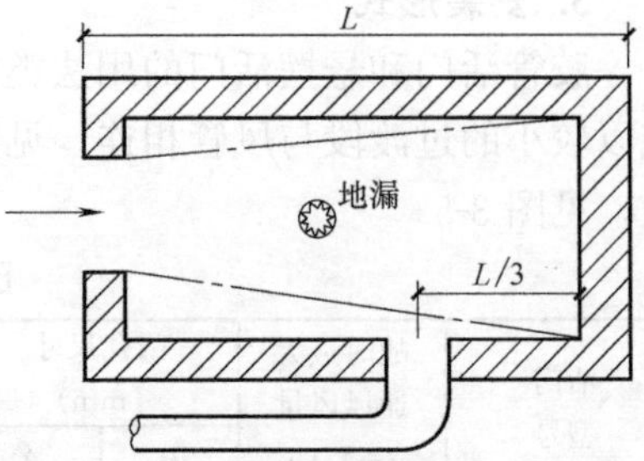

根据活门与扩散室之间是否有管道相连接，其通风阻力应按不同的方法进行计算。

(1) 当活门与扩散室分别设置，其间通过管道相连接时，扩散室通风阻力的计算公式为式 (3-2)：

$$H = (\xi_j + \xi_c)\frac{u^2\gamma}{2g} \qquad (3-2)$$

图 3-6 扩散室

式中 H——扩散室通风阻力，Pa；

ξ_j——气流进扩散室突然扩大的局部阻力系数，近似取 $\xi_j = 1.0$；

ξ_c——气流出扩散室突然缩小的局部阻力系数，近似取 $\xi_c = 0.5$；

u——气流在进、出扩散室时风管内的流速，m/s。

(2) 当活门直接在扩散室的端墙上，则扩散室通风阻力的计算公式为式 (3-3)：

$$H = \xi_c\frac{u^2\gamma}{2g} \qquad (3-3)$$

式中 H——扩散室的通风阻力，Pa；

ξ_c，u——同前。

2. 活门室

活门室的消波原理同扩散室。活门室的横断面一般做成矩形，其长、宽、高三个方向的尺寸不宜相差太大。活门室的长度不应小于 1m，一般取 1.2m 左右为宜。活门室的最小体积可按式 (3-4) 计算：

$$V = (15～20)f \qquad (3-4)$$

式中 V——活门室的体积，m^3；

f——活门进风口面积，m^2。

活门室的出风口宜选在活门室中与活门相对的那面墙的中心处，为了避免经活门泄入的冲击波直接进入管道，应使风口朝下。

设置活门室的作用在于：当采用一个活门不能满足要求但相差不多时，可通过设置一个活门室来提高活门的消波率。"活门+活门室"的总消波率比单个活门约提高 5% 以上。设置活门室还便于活门与风管的连接。

3. 扩散箱

扩散箱的消波原理与扩散室相同。扩散箱可采用厚度不小于 3mm 的钢板制作，与悬摆活门配合组成消波系统，是防空地下室中常用的消波设施（仅适用于 5 级和 6 级防空地下室）。扩散箱与扩散室相比，节约了土建费用，安装速度快。扩散箱示意图见图 3-8。

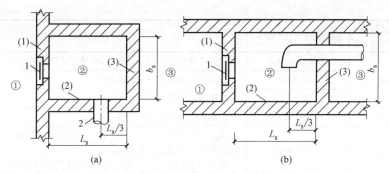

图 3-7　扩散室接风管图

（a）风管接口在侧墙；（b）风管接口在后墙

1—防爆波活门；2—风管；①—室外；②—扩散室；③—室内

（1）—扩散室前墙；（2）—扩散室侧墙；（3）—扩散室后墙

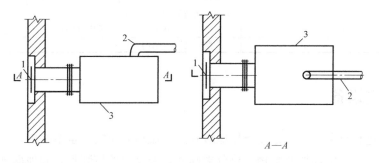

图 3-8　扩散箱接管示意图

1—悬板活门；2—风管；3—扩散箱

3.1.4　通风系统消波设备的组合系统

消波设备的组合系统通常由土建专业设计，根据冲击波入射压力和允许余压，有多种消波组合系统。最常用的组合系统是"活门＋扩散室"。通过防爆波活门"漏入"的冲击波，由于活门关闭的堵挡，将长波变成短波，充分地发挥了扩散室对短波消除性能良好的特点，达到使用要求。

消波系统应根据工程抗力和设备的允许余压进行设计，经消波系统后的余压应不大于允许余压值，选择方法见表 3-4。

消波系统选择　　　　　　　　　　　　　　表 3-4

空气冲击波超压设计值（MPa）	系统允许余压（MPa）	消波系统
0.06～0.15	0.03～0.05	胶管式防爆波活门或悬摆式防爆波活门
	0.10	悬摆式防爆波活门
0.2～0.3	0.03～0.05	胶管式防爆波活门
	0.10	悬摆式防爆波活门

续表

空气冲击波超压设计值(MPa)	系统允许余压(MPa)	消波系统
0.4~0.6	0.03~0.05	胶管式防爆波活门+扩散室，或悬摆式防爆波活门+扩散室
	0.10	悬摆式防爆波活门+扩散室
	0.30	悬摆式防爆波活门
0.9~1.2	0.03~0.30	悬摆式防爆波活门+扩散室
1.8~2.4	0.03~0.05	风量不小于14500m³/h时,宜采用悬摆式防爆波活门+扩散室+悬摆式防爆波活门+扩散室; 风量小于14500m³/h时,宜采用悬摆式防爆波活门+扩散室
	0.10~0.30	悬摆式防爆波活门+扩散室
3.0~4.0	0.03~0.05	风量不小于14500m³/h时,宜采用悬摆式防爆波活门+扩散室+悬摆式防爆波活门+扩散室; 风量小于14500m³/h时,宜采用悬摆式防爆波活门+扩散室
	0.10~0.30	悬摆式防爆波活门+扩散室
5.0~5.4	0.03~0.05	风量不小于8000m³/h时,宜采用悬摆式防爆波活门+扩散室+悬摆式防爆波活门+扩散室; 风量小于8000m³/h时,宜采用悬摆式防爆波活门+扩散室
	0.10~0.30	悬摆式防爆波活门+扩散室

3.2 除尘设备

当敌人进行核袭击后,在核爆炸地域和烟云流动方向的一定范围内,空气都会受到放射性沾染。烟云中爆炸残余物(核分裂碎片,未反应的核装料)和地面升起的感生放射性灰尘等,通常呈灰尘状态存在于空气中,是空气放射性沾染的重要来源;此外有的化学毒剂和生物战剂施放后形成气溶胶,污染空气。因此,消除进风中的放射性和生化沾染是通风系统除尘的主要任务之一。其次,清洁空气进入工程时也要进行除尘处理,以免因空气中含尘浓度过大而影响工程内的空气环境。

下面着重介绍防空地下室通风系统中常用的除尘设备油网滤尘器。

3.2.1 油网滤尘器的结构及作用原理

目前人防工程用作粗滤的除尘设备主要是LWP型油网滤尘器,用于滤除空气中粒径较大的灰尘和核生化沾染。

LWP型油网滤尘器由多层铁丝网和钢制外框所组成,如图3-9所示。

图 3-9 LWP型油网滤尘器

铁丝网被轧制成波纹状，两波峰间距为 11mm，相邻两层铁丝网交错配置。根据铁丝网规格和层数的不同，分为 LWP-D（大）型和 LWP-X（小）型两种。其结构特点详见表 3-5。

LWP 型油网滤尘器结构参数 表 3-5

型号	网格层数	波纹(mm)		网层规格(mm)		外形尺寸(mm)		
		高	间距	前一半	后一半	长	宽	厚
LWP-D	18	5.5	11	1.3/0.29	0.64/0.23	520	520	120
LWP-X	12	4	11	1.36/0.23	0.65/0.19	520	520	70

当含尘空气通过前后交错的铁丝网过滤层时，由于气流受到层层铁丝网的阻挡，在网格内弯曲地向前流动。当气流改变流动方向时，尘粒由于具有一定的惯性而脱离流线，碰撞到浸有黏性油（20 号或 10 号机油）的金属网上被粘住，从而留在油网滤尘器中。铁丝网层交错形成孔道，并顺着气流方向，依照大小网孔的顺序排列，可以使灰尘均匀地分布在各层铁丝网中，提高容尘量。

3.2.2 油网滤尘器性能参数

油网滤尘器的性能如表 3-6 所示。

LWP 型油网滤尘器性能参数 表 3-6

型号	过滤面积(m²)	风量(m³/h)	阻力(Pa)		大气尘计重效率(%)
			初	终	
LWP-D	0.25	800	20	38	98
		1200	37	75	
		1600	60	125	
LWP-X	0.25	800	15	30	93
		1200	26	57	
		1600	45	88	

3.2.3 油网滤尘器设计选用

（1）选用 LWP 型油网滤尘器时，应根据工程的最大进风量选择多个油网滤尘器组合使用，每个油网滤尘器的风量不宜超过 1600m³/h。

（2）LWP 型油网滤尘器可管式安装（也称匣式安装）和墙式加固安装。

管式安装是在 LWP 型油网滤尘器外加钢板外壳，两端与通风管道相连的安装方式。目前有一个、两个和四个 LWP 型油网滤尘器的组装方式，见图 3-10。

墙式安装是将 LWP 型油网滤尘器安装在进风通路墙洞上的安装方式，适用于各种风量的滤尘器安装，见图 3-11。当 LWP 型油网滤尘器个数超过 4 个时，应采用墙式安装。LWP 的个数和组合方式有多种，可根据具体情况自行设计，如图 3-12 为三个滤尘器及墙式加固的安装方法。

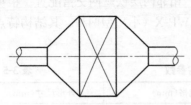

图 3-10　LWP 油网滤尘器管式安装

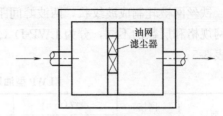

图 3-11　LWP 油网滤尘器墙式安装

（3）安装时将孔眼大的网层置于空气进入侧，以增加容尘量和过滤效率。

（4）在设计和安装时均应注意，在滤尘器前后设有测压管并连接在微压计上。

（5）油网滤尘器在运输和清洗时不得挤压和碰摔网层，以免网片变形影响使用。

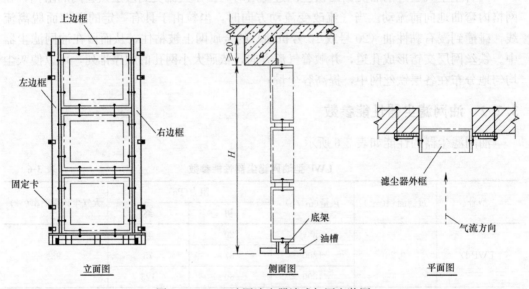

图 3-12　LWP 油网滤尘器墙式加固安装图

3.3　滤毒设备

3.3.1　滤毒设备防毒机理

　　人防工程通风系统上使用的滤毒设备主要是过滤吸收器，由过滤器和吸收器两部分组成。原因是毒剂呈现两种状态：有的毒剂施放后迅速蒸发成蒸气，呈气体状态；有的毒剂形成液体的微滴或固体的微粒悬浮在空气中，这种微滴或微粒与空气的混合物称之为气溶胶。微滴气溶胶称为毒雾，微粒气溶胶称为毒烟。

　　在过滤吸收器中，能够过滤有害气溶胶的称之为滤烟层；能够吸附有毒蒸气的称之为滤毒层（即吸收器）。

1. 滤烟层的防毒性能

　　目前，我国生产的各种过滤吸收器，其滤烟层采用纤维性滤纸。当有害气溶胶通过滤烟层时，气溶胶中的微粒阻留在滤纸上。由于颗粒度的不同以及惯性等因素的影响，也有少数微粒透过滤烟层。

滤烟层防毒性能通常以透过率 K 表示。透过率 K 是指滤烟层后的气溶胶浓度 C 与滤烟层前气溶胶浓度 C_0 之比的百分率，即：

$$K = \frac{C}{C_0} \times 100\% \tag{3-5}$$

由式（3-5）可以看出，当有害气溶胶初始浓度 C_0 一定时，透过浓度 C 越小，则透过率 K 越小，防毒性能就越好。

防空地下室中使用的过滤吸收器，应根据某些有害气溶胶的战场浓度 C_0 和它们的安全浓度 C 来确定适宜的透过率，以达到对这些气溶胶的安全防护。

如果器材使用或保管不当，会使滤烟层的透过率增大，致使器材降低或完全失去对有害气溶胶的防护能力。其中通风量的增加对透过率 K 影响最大，同时在使用和保管过程中，应严禁滤烟层浸水或撕裂、变形。

2. 滤毒层的防毒机理

过滤吸收器中的滤毒层采用的是催化剂－活性炭（简称催化活性炭）。活性炭是具有大量微孔的物质，通过物理吸附来滤除毒剂；而催化活性炭除物理吸附外，还有化学吸收和催化作用。

物理吸附。毒剂蒸气或某种气体的分子固定在活性炭表面上，只是凝聚和增稠，并不发生化学性质的变化，这种现象称之为物理吸附。

化学吸收。对于大多数毒剂蒸气，通过活性炭的物理吸附作用就可防护，但对少数毒剂（如氯化氢、氢氰酸）而言，只靠活性炭的吸附作用的防毒性能很差。因此，必须在活性炭的孔隙中添加某些化学物质，使其与毒剂发生化学反应，生成无毒物质，或生成物虽有毒，但能附着在活性炭孔的表面上，不被气流带出。例如，添加在活性炭中的氧化铜（或氧化亚铜）与氢氰酸作用生成固体的氰化铜（或氰化亚铜），产物被吸着在碳孔表面上，这种通过化学反应防护毒剂的过程称之为化学吸收。

催化作用。当某种化学物质存在时，空气中的水分和氧气就能与毒剂发生化学反应而生成无毒的物质，这种化学物质就称之为催化剂。例如，对氯化氢的防护就是一种催化作用。在铬和铜的氯化物存在时，空气中的水分能和氯化氢作用生成氢酸，氢酸进一步催化水解后变为氨气和二氧化碳。催化剂不直接与毒剂作用，因此其化学性质没有变化，其数量也没减少，只是逐渐被生成物所覆盖而失去催化能力。所以，利用催化作用其防毒能力也是有限的。

利用化学吸收和催化作用以及物理吸附作用进行防毒时，碳层的湿度和空气的相对湿度对防毒能力有明显影响。当活性炭—催化剂在 75% 的相对湿度下吸湿平衡后，对氯化氢的防毒能力下降 50%，对其他多数毒剂也有不同程度的影响。因此，在过滤吸收器的保管和使用中，应特别注意防潮和除湿。

3.3.2 RFP 型过滤吸收器结构原理

RFP 型过滤吸收器是目前人防工程中大量使用的新型过滤吸收器。通过活性自由基发生器、精滤器、滤毒器去除空气中的化学毒剂、生物战剂和放射性灰尘，杀灭截留在精滤器单元上的微生物细菌，防止生物战剂大量繁殖或发生迁移。具有功能全、防毒时间长、抗震性强、安装快速方便、贮存时间长、体积小、重量轻的特点。其外观如图 3-13 所示，原理图见图 3-14。主要技术指标见表 3-7。

图 3-13　RFP 型过滤吸收器外观图

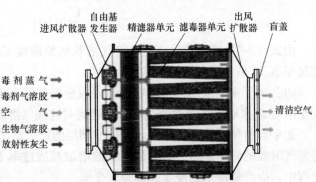

图 3-14　RFP 型过滤吸收器原理图

RFP 型过滤吸收器技术指标　　　　表 3-7

项目	RFP-1000	RFP-500
额定风量	1000m³/h	500m³/h
初阻力	≤850Pa	≤650Pa
漏气系数	≤0.1%	≤0.1%
油雾透过系数	≤0.001%	≤0.001%
对沙林模拟剂(DMMP)防护剂量	≥400mg·min/L	≥400mg·min/L
质量	≤180kg	≤120kg
外形尺寸	870mm×623mm×623mm	730mm×623mm×623mm
大肠杆菌杀灭效率	15min 不低于 95%	15min 不低于 95%
枯草芽孢杀灭效率	90min 不低于 80%	90min 不低于 80%

3.3.3　过滤吸收器的设计选用

过滤吸收器应根据设计滤毒新风量选用，同一进风系统中应选用同一型号规格的过滤吸收器，并确保通过过滤吸收器的风量小于过滤吸收器的额定风量的总和，从而保证过滤吸收器的滤毒性能。例如设计滤毒新风量为 2400m³/h 时，应选用 3 个 RFP-1000过滤吸收器或 5 个 RFP-500 过滤吸收器。

设计安装注意事项：

① 气流方向必须与设备所示箭头方向一致；

② 设备进（出）风口风管采用橡胶软接头连接，连接必须严密、不漏气；

③ 过滤吸收器前后应设置阻力测量管（DN15 镀锌钢管，末端设球阀）；

④ 平时安装的过滤吸收器，安放到设计位置即可，严禁打开进、出口钢板法兰与风道连接，以免受潮失效，临战前再与管道连接；

⑤ 各种配件（如法兰短管、橡胶套袖、套袖卡箍、检测仪表等）保证齐全，严禁损坏；

⑥ 支架平整，固定牢靠，位置正确，排列整齐；不得有变形，断裂等破损现象；

⑦ 过滤吸收器不能与酸碱、消毒剂、发烟剂等存放在一起，以免破坏内部材料使之失效。滤毒室内要保持整洁、干燥，注意防潮。

3.4 密闭阀门

密闭阀门是保证通风系统密闭和转换通风方式不可缺少的控制设备。根据阀门的驱动方式，密闭阀可以分成手动密闭阀门和手动、电动两用阀门。根据阀门的结构，密闭阀门可以分成杠杆式和双连杆式。

杠杆式密闭阀门的型号表示方法：

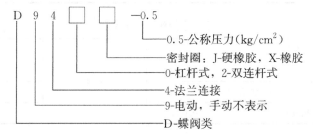

D940X-0.5 表示杠杆式电动法兰连接密闭阀，密封材料是橡胶，公称压力为 $0.5kg/cm^2$。

双连杆式密闭阀门的型号表示方法：

手动密闭阀：SMF20（$DN200$）～SMF100（$DN1000$）。

手电动两用密闭阀：DMF20（$DN200$）～DMF100（$DN1000$）。

3.4.1 手动杠杆式密闭阀门

手动密闭阀门主要由壳体、阀门板及驱动装置等组成。靠旋转手柄带动转轴转动杠杆，达到阀门板启闭的目的，手动密闭阀门结构见图3-15。

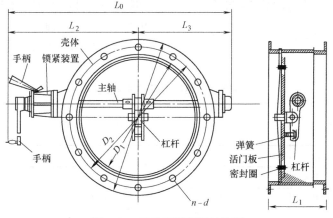

图 3-15　手动密闭阀门结构图

当关闭阀门板后，依靠锁紧装置锁紧阀门板，保证密闭性能。阀门各部尺寸见表 3-8。其技术性能详见表 3-9。

手动密闭阀门各部尺寸表（单位：mm）　　　　　　　　　　表 3-8

公称直径(Dg)	L_0	L_1	L_2	L_3	D	D_1	D_2	d	法兰孔数	重量（kg）
150	338	92	170	168	210	166	195	7	7	9
200	485	118	300	185	270	215	250	9	8	22
300	585	145	350	235	385	315	360	11	9	35
400	731	175	385	346	515	441	490	13	12	52
500	875	225	451	424	650	560	622	13	12	69
600	1075.5	275	593	482.5	750	666	720	13	12	137
800	1382	260	260	535	950	870	920	18	16	130

手动密闭阀门性能参数　　　　　　　　　　表 3-9

公称压力 P/g(MPa)		0.05	温度	$-30℃\leqslant t\leqslant40℃$
试验压力（MPa）	密封	0.05		常温
	强度	0.1		常温
工作压力（MPa）		0.05		$-30℃\leqslant t\leqslant40℃$

3.4.2　手电动两用杠杆式密闭阀门

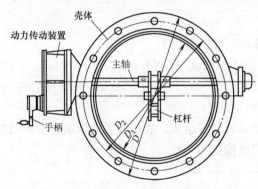

图 3-16　手电动两用密闭阀门结构图

手电动两用杠杆式密闭阀门主要由壳体、阀板、手动装置、减速箱、电动装置（电动开关、行程开关、电动控制器）等零件组成，见图 3-16。其技术性能见表 3-10。其传动装置用电动操纵时，手柄和减速器分开，因而轴转动时，手柄并不转动；当手动操纵时，电动机构和轴脱开，因而即使合上电路，电动机也只能空转；当阀门板处在完全开启或关闭位置时，电动机靠行程开关自动断路。

手电动两用密闭阀门性能参数　　　　　　　　　　表 3-10

型号		D904J-0.5 型							
名称	单位								
公称直径(Dg)	mm	200	300	400	500	600	800	1000	1200
公称压力(Pg)	MPa	0.05							
试验压力	密封 MPa	0.05							
	强度 MPa	0.1							

续表

型号		D904J-0.5 型						
名称	单位							
工作压力(P)	MPa	0.05						
电动机开启及关闭时间	s	5~15						
电动机	型号	JWP	JWP	JWP	JWP	JWP	JWP	JWP
	功率 kW	0.25	0.25	0.25	0.5	0.5	0.5	0.5
	电压 V	220	220/380	220/380	220/380	220/380	220/380	220/380
	频率 Hz	50	50	50	50	50	50	50
	转数 转/min	1450	1450	1450	1450	1450	1450	1450
	效率 %	70	70	70	70	70	70	70

3.4.3 双连杆型密闭阀门

双连杆型密闭阀门与杠杆式密闭阀门的构造基本相似，见图 3-17，由双连杆蝶阀及电动装置组成。主轴通过两根连杆机构带动阀门板的启闭，结构紧凑，操作轻便灵活；当阀门主轴旋转时，能使阀门板达到全开或全闭，具有快速启闭的特点；当手柄按顺时针方向转动时，该阀门板位于关闭位置；阀门采用的密封橡胶条硬度低、密闭性能好，梯形胶条嵌入式固定，便于拆换；采用 DDI-10 型及 DDI-20 型电动装置，由专用电机驱动，行星轮系减速、微动开关限位，其特点为电动和手动分别自销，无需切换。主要外形尺寸见表 3-11，其中 D_4 为阀门内径，安装时连接风管的内径应与 D_4 相同。主要性能参数见表 3-12。

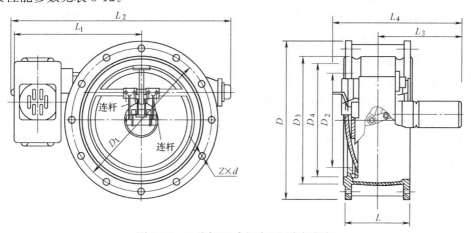

图 3-17 双连杆型手电动两用密闭阀门

双连杆型密闭阀门各部尺寸表 表 3-11

公称直径	D (mm)	D_1 (mm)	D_2 (mm)	D_3 (mm)	D_4 (mm)	L (mm)	L_1 (mm)	L_2 (mm)	L_3 (mm)	L_4 (mm)	孔数 Z (个)	孔径 d (mm)
$DN200$	310	280	186	260	200	152	355	498	315	480	8	10
$DN300$	430	398	286	368	300	170	416	645	315	480	12	10

续表

公称直径	D (mm)	D_1 (mm)	D_2 (mm)	D_3 (mm)	D_4 (mm)	L (mm)	L_1 (mm)	L_2 (mm)	L_3 (mm)	L_4 (mm)	孔数 Z (个)	孔径 d (mm)
$DN400$	530	490	360	466	400	216	468	738	315	480	16	13
$DN500$	640	600	460	568	500	229	532	847	315	480	16	13
$DN600$	760	726	600	710	664	275	582	955	315	480	16	13
$DN800$	960	930	800	900	860	300	682	1205	343	492	16	13
$DN1000$	1220	1170	1000	1146	1100	380	848	1560	343	492	20	18

双连杆型手电动两用密闭阀门主要技术性能表 表 3-12

介质:空气		阀门口径	阀门口径
公称直径 (mm)		$DN200 \sim DN400$	$DN500 \sim DN1000$
试验压力 (MPa)		0.1	0.1
工作压力 (MPa)		$\leqslant 0.05$	$\leqslant 0.05$
电动装置	型号	DD I - 20	DD I - 10
	启闭时间(s)	$5 \sim 10$	$5 \sim 10$
	电机功率(kW)	0.37	0.55
手动启闭时间(s)		$5 \sim 6$	
气密泄漏量(L/min)	正面	$\leqslant 0.10$	$\leqslant 0.033$
	反面	$\leqslant 0.10$	$\leqslant 0.033$

3.4.4 密闭阀门的设计选择与安装

1. 密闭阀门的设计选择

(1) 根据通风量，用假定流速法（风速宜取 6～8m/s）计算阀门的内径；

(2) 根据计算值确定阀门的型号规格；

(3) 与阀门相连接的管道直径应与阀门内径一致。注意杠杆式密闭阀门的内径与公称直径不同，如 $DN500$ 的 D40J-0.5 密闭阀门的公称直径为 560mm（表3-8的 D_1 值）。

(4) 密闭阀门只控制管道的开启和密闭，不能用来进行风量的调节，如要调节风量需另配风量调节阀（设在清洁区）。

2. 设计、安装注意事项

(1) 阀门可安装在水平或垂直的管路上，应保证操作、维修或更换的方便，距墙体位置不影响使用手柄；

(2) 安装时，应保证阀门标志箭头方向与所受冲击波方向一致；

(3) 阀门在设计和使用过程中，要求阀门板全开或全闭，不允许做调节风量用（即半开闭的状态）；

(4) 法兰平面与风管轴线垂直，与风管必须采用密闭法兰连接；

(5) 安装前应放在室内干燥处，使阀门板处于关闭位置，橡胶密封面上不允许沾有任何油脂物质，以防腐蚀。安装时应调整开关指针，使指针位置与阀门板的实际开关位置相符合；

(6) 密闭阀门设独立支架、吊架，支架、吊架排列整齐，支架与阀门接触紧密，吊钩不能吊在手柄或锁紧机构上，吊钩式安装如图 3-18 所示。

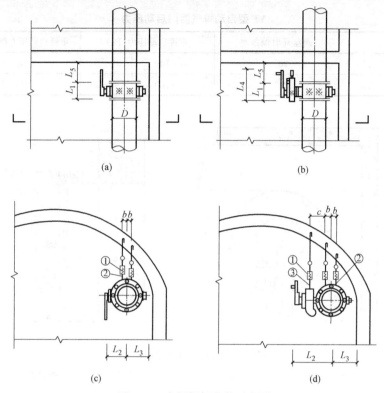

图 3-18　密闭阀门安装示意图

（a）手动阀门安装平面图；（b）手电动阀门安装平面图；（c）手动阀门安装剖面图；（d）手电动阀门安装剖面图

3.5　超压自动排气活门

超压自动排气活门是保证工程超压的重要通风设备。目前常用的有 YF 型、PS 型和 FCH 型。

3.5.1　YF 型自动排气活门

YF 型自动排气活门，主要是由活门外套、杠杆、活盘、重锤、偏心轮和绊闩等部分所组成，如图 3-19 所示。各部尺寸见表 3-13。

工作原理：因气体压力作用在活盘上，带动杠杆使活门达到自动启闭的目的。重锤起调节启动压力的作用。当室内气压达到活门启动压力时，活盘自动开启；反之，小于启动压力时，则自动关闭。

YF 型自动排气活门外形尺寸（单位：mm）　　　　表 3-13

型号	b_1	d_1	b	d_2	d_3	d_4	α	a
YF-150	260	228	323.5	215	192	146	60°	86
YF-200	310	278	391.5	265	242	192	60°	86

重锤启动压力可通过将重锤设在最重或最轻位置来调节，详见表3-14。

YF型自动排气活门启动压力   表 3-14

型号		阀盘开启偏角	重锤启动压力(Pa)		重锤启动压力调节范围(Pa)
YF型	$d=150$	20°	80~100	30~50	30~100
	$d=200$	24°	80~100	30~50	30~100

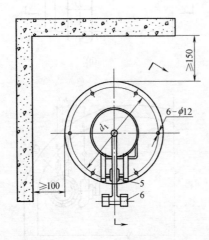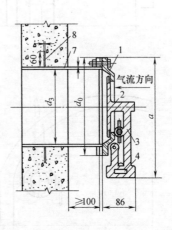

图 3-19 YF型自动排气活门

1—活门外套；2—活盘；3—杠杆；4—偏心轮；5—绊门；6—重锤；7—预埋穿墙钢管；8—密闭肋

YF型自动排气活门的通风动力特性曲线，详见图 3-20 和图 3-21。

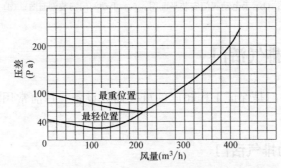

图 3-20 YF型 d150 自动排气活门通风动力特性曲线

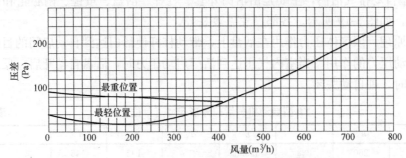

图 3-21 YF型 d200 自动排气活门通风动力特性曲线

3.5.2 PS型超压排气活门

工作原理基本上与 YF 型相同，构造外形不同。见图 3-22。

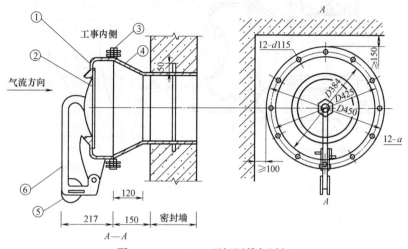

图 3-22 PS-D250 型超压排气活门

①—外壳；②—活盘；③—法兰；④—变径管；⑤—重锤；⑥—杠杆

性能参数：PS-D250 型在 50Pa 超压时，排风量：$700 \sim 800 \mathrm{m}^3/\mathrm{h}$；通风动力特性曲线见图 3-23。

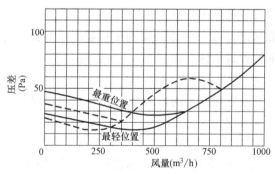

图 3-23 PS-D250 型超压排气活门通风动力特性曲线

3.5.3 FCH型防爆超压排气活门

FCH 型防爆超压排气活门的工作原理基本上与 YF 型和 PS 型相同。所不同的是：该装置的活盘能直接承受冲击波压力的作用，可以安装在低抗力工程的外墙上，可代替排风时的防爆波活门，故称为防爆超压自动排气活门。

FCH 型防爆超压排气活门，目前有 150、200、250A 和 250 型等型号，抗力为 0.3MPa。安装见图 3-24，通风动力曲线见图 3-25。

3.5.4 排气活门的选择计算

排气活门的个数选择与滤毒式通风量、室内超压值及工程的漏风量等因素有关。通

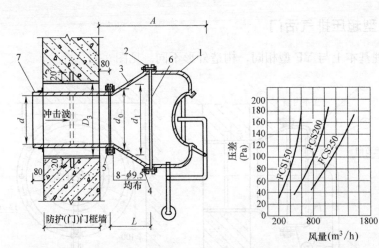

图 3-24　FCH 型防爆超压排气活门安装图　　　图 3-25　FCH 型排气活门通风动力特性曲线

1—防爆超压排气活门；2—法兰；3—渐缩管；

4、5—六角头螺栓；6—垫片；7—管道

常可由式（3-6）近似计算出所需活门的个数：

$$n=\frac{L_g-L_f}{L_n}\qquad\qquad(3-6)$$

式中　n——所需活门的个数，个；

L_g——工程的滤毒式进风量，m^3/h；

L_f——工程的漏风量，m^3/h。漏风量与工程超压值有关，当超压值小于 50Pa 时，漏风量取工程清洁区容积的 4%；超压值大于 50Pa 时，漏风量取工程清洁区容积的 7%；

L_n——每个活门在规定超压时的排风量，m^3/h，可由设备的产品样本中通风阻力特性曲线中查取。

超压排气活门设计安装注意事项：

（1）自动排气活门安装在墙上；预埋管的管径应与活门的口径一致；

（2）活门重锤的位置必须置于超压的一侧，并保证活门的杠杆与水平面垂直，法兰上、下螺孔中心必须在同一铅垂线上；

（3）自动排气活门使用时，应根据所要求的超压值调整重锤的位置，使活门在保证超压值的情况下自动排风。隔绝式通风时，应将绊闩扳下，使偏心轮与杠杆靠紧，将活门关闭；

（4）安装位置应考虑操作、拆修方便。

3.6　通风机

工程内空气流动的动力是通风机，防空地下室通风机的选择，应符合下列要求：

（1）通风机的风量、风压应满足平时和战时清洁式、滤毒式通风的要求；当平时与战时或清洁式与滤毒式通风采用一台通风机不合理时，应分别选用通风机；

（2）对风量较大，阻力较小的通风系统，可采用多台同型号、同性能的通风机并联；并联通风机的进、出口应设置风量调节阀和止回阀；

（3）通风机的风压，应按通风系统计算的压力损失附加10%～15%确定；

（4）通风机的风量，应计入通风管道和设备的漏风量；通风管道漏风量应按表3-15确定；

（5）工程内战时电源不能确保时，应采用人力、电动两用通风机。即设有柴油电站的防空地下室可只设电动风机，否则应设人力、电动两用通风机。

目前人力、电动两用通风机有F270手摇电动两用风机、DJF-1型电动脚踏两用风机、SR900型电动脚踏两用风机等。

通风管道漏风量 表 3-15

风道长度（m）	建筑风道（%）	钢板风管（%）
$L \leqslant 20$	5	不计
$20 < L \leqslant 100$	10	5
$100 < L \leqslant 200$	15	10
$L > 200$	20	15

3.6.1 手摇电动两用风机

手摇电动两用风机有F270-1和F270-2两种规格，其主要技术性能参数见表3-16，其结构示意图见图3-26，其具体尺寸见国标大样图04FK02。

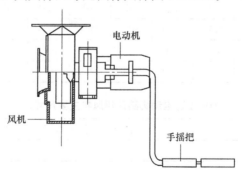

图 3-26 F270型电动手摇两用风机结构示意图

F270型电动手摇两用风机主要技术性能参数表 表 3-16

风机型号		F270-1		F270-2	
风量（m³/h）		300～700		500～1000	
全压（Pa）		1117～568		1205～568	
主轴转速（r/min）		2800		2800	
旋转方向（电机端正视）		顺时针方向		顺时针方向	
配套电机	型号	Q8～S2	YSC122	Q8～S2	Q7～S2
	额定功率（kW）	0.37	0.75	0.75	0.75
	额定电压（V）	220	380	220	380
手摇机构		传动比1/8×1/8，速度44r/min			

3.6.2 DJF-1 型电动脚踏两用风机

DJF-1 型电动脚踏两用风机主要技术性能参数见表 3-17，尺寸见表 3-18，其结构示意图见图 3-27。

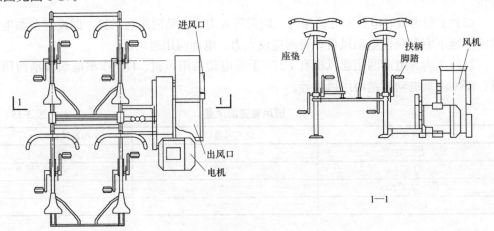

图 3-27 DJF-1 型电动脚踏两用风机结构示意图

DJF-1 型电动脚踏两用风机主要技术性能参数表 表 3-17

		电动机型号 Y90S-4,三相 380V,1.1kW								转速(r/min)
电动	全压(Pa)	410	548	629	843	964	1204	1370	1430	3000
	风量(m³/h)	3273	3154	2988	2701	2421	2033	1548	1278	
脚踏	全压(Pa)	353	452	521	702	840	1000	1138	1208	2750
	风量(m³/h)	2983	2828	2720	2470	2203	1870	1397	1225	

DJF-1 型电动脚踏两用风机主要尺寸表 表 3-18

长×宽×高(mm)	风机出口尺寸(mm)	风机进口尺寸(mm)
1430×1480×900	302×176	$\phi320$

3.6.3 SR900 型电动脚踏两用风机

SR900 型电动脚踏两用风机主要技术性能参数见表 3-19，其结构示意图见图 3-28，其具体尺寸安装要求见国标大样图 07FK02。

SR900 型电动脚踏两用风机主要技术性能参数表 表 3-19

脚踏	转速 2000r/min	风量	900m³/h
		风压	1250Pa
电动	电源 380V	电机功率	1.1kW
	转速 2900r/min	风量	900～1650 m³/h
		风压	2280～1450Pa

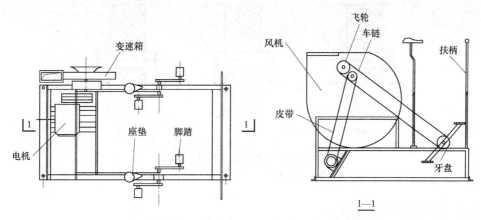

图 3-28 SR900 型电动脚踏两用风机结构示意图

3.7 其他防护设备

3.7.1 气密测量管

防空地下室每个口部的防毒通道、密闭通道的防护密闭门门框墙上设置气密测量管。防化部门在测量防毒通道、密闭通道的气密性时要用到气密测量管。

（1）气密测量管的设置见图 3-29，注意口部每道（防护）密闭门的门框墙上均要设置，到房间的密闭门 3′ 的门框墙上不设；

（2）气密测量管的管材用 $DN50$ 热镀锌钢管；

（3）气密测量管两端应有防护密闭措施，一是要保证密闭性，二是安装在防护密闭门门框墙上气密测量管的还要有防冲击波能力的抗力要求；防护措施有三种做法，见图 3-30。

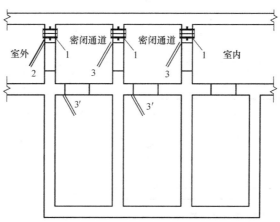

图 3-29 气密测量管的设置

1—气密测量管；2—防护密闭门；3—密闭门；3′—密闭门

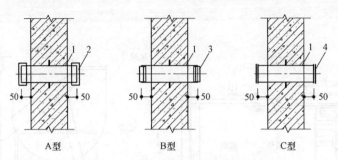

图 3-30 气密测量管的防护措施

1—气密测量管；2—管帽；3—丝堵；4—盖板（加橡胶垫密封）

3.7.2 工程超压测量装置

滤毒式通风时，为了防止外界染毒空气在自然压差的作用下渗入到工程内，根据工程的防化级别，工程内部保持一定的超压。滤毒通风时为了随时掌握工程内的超压情况，必须设置超压测量装置，测压计可以是倾斜式微压计（量程 0～200Pa）、电子测压计等。对于采用自动控制和"三防"自动转换的工程，压力和压差测量应采用压力或压差传感器，将检测信号转变成电信号，传输到控制中心。

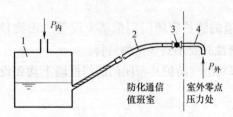

图 3-31 测压装置设置原理

1—倾斜式微压计；2—连接软管；
3—球阀（或旋塞阀）；4—热镀锌钢管

防化规范要求，设滤毒通风系统的工程，应在战时防化通信值班室设测压装置。测压装置由倾斜式微压计、连接软管、铜球阀和通至室外的测压管组成。测压管应采用 DN15 热镀锌钢管，其一端在防化通信值班室通过旋塞阀（或球阀）、橡胶软管与倾斜式微压计连接，另一端则引至室外空气零点压力处，且管口向下，设置原理见图 3-31，平面布置见图 3-32、图 3-33。

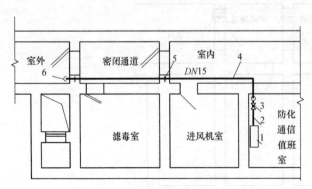

图 3-32 测压装置平面布置（一）

1—倾斜式微压计；2—连接软管；3—球阀（或旋塞阀）；
4—热镀锌钢管；5—密闭肋；6—向下弯头

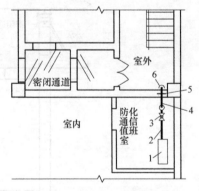

图 3-33 测压装置平面布置（二）

1—倾斜式微压计；2—连接软管；3—球阀（或旋塞阀）；4—热镀锌钢管；5—密闭肋；6—向下弯头

测压管可埋设在顶板中，也可贴墙架空敷设在通道内，穿防护密闭墙时，应做密闭处理。如图 3-34 所示。

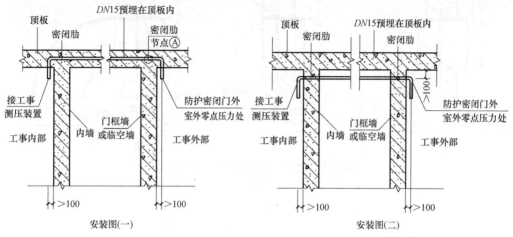

图 3-34 测压管安装详图

3.7.3 管道及穿密闭墙处理

为了防止毒剂通过进风、排风管道泄漏或沿管道穿墙处的缝隙渗入工程内，保证工程的密闭性，对管道（通风管、测压管、气密性测量管和供暖管道、空调冷却水管道）及其穿过（防护）密闭墙处都要进行密闭处理。

1. 口部染毒区管道要求

口部染毒区的通风管道应采用 3mm 厚的钢板焊接成型，与设备的连接须采用密闭法兰，抗力和密闭防毒性能必须满足战时的防护要求。

为防止潮湿空气产生的凝结水在管道内集存及风管洗消排水，口部染毒区的进风、排风管道，应向外设置 5% 的坡度，在最低点应有排水措施。

2. 通风管、测压管、密闭测量管穿密闭墙做法

通风管、测压管、密闭测量管穿密闭墙时要在管上加密闭翼环（也称密闭肋），并应在土建施工时一次预埋到位，现浇到混凝土内。具体做法见图 3-35。

预埋管件应随土建施工时一起捣浇在墙内。A 型用于两端接管，B 型用于一端接管，C 型用于一端接管、一端接弯头的情况。预埋管件直径应与所连接的管道、密闭阀门、自动超压排气活门的接管内径一致。短管预埋时应先焊好密闭翼环，焊接要求采用满焊，保证密封。预埋短管应与周围混凝土墙的钢筋点焊定位，避免振捣时错位。管件预埋前应除锈，内外均刷红丹防锈漆两道，外刷调和漆一道，注意与混凝土接触的部位不应刷漆。

3. 供暖管道、空调冷却水管道穿过（防护）密闭墙做法

引入防空地下室的供暖管道和空调冷却水管道，在穿过人防围护结构处应采取可靠的防护密闭措施，并应在围护结构的内侧设置工作压力不小于 1.0MPa 的阀门。供暖管道、空调冷却水管道穿过（防护）密闭墙的做法见图 3-36。

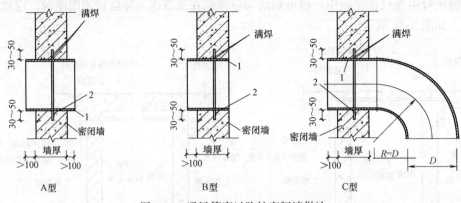

图 3-35 通风管穿过防护密闭墙做法

1—穿墙通风管；2—密闭翼环（3mm 厚钢板）

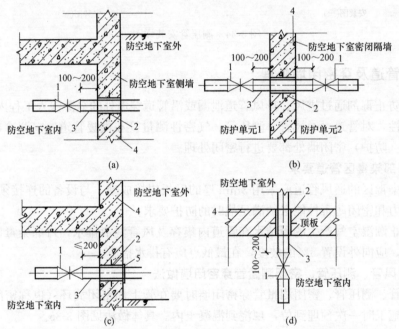

图 3-36 供暖管道、空调冷却水管道穿过（防护）密闭墙做法

1—防护阀门；2—防护套管；3—穿墙管道；4—防空地下室围护结构；5—挡板

3.7.4 空气取样与阻力测量

（1）防化乙级的防空地下室应（丙级宜）设置空气放射性监测和空气染毒监测。空气放射性监测由取样和测量组成，防化乙级、丙级的工程取样操作点设在滤毒室。空气染毒监测分为通道渗入监测和过滤吸收器尾气监测两种，前者监测点设在工程口部最后一道密闭门内 1m 处，后者监测点设在滤毒室和进风机室。

（2）除尘、滤毒设备前后应设有空气阻力测量孔和测定装置，以便观测设备阻力的变化情况。在油网滤尘器前设空气放射性监测取样管，在油网滤尘器两侧应设阻力测量管，空气放射性监测取样管和阻力测量管穿墙引入滤尘室（或滤毒室），如图 3-37～图 3-39 所示。

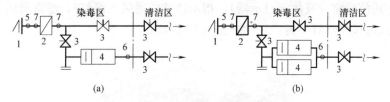

图 3-37 取样管、压差测量管设置示意

(a) 有一台过滤吸收器时；(b) 有两台以上过滤吸收器时

1—消波设施；2—油网滤尘器；3—密闭阀门；4—过滤吸收器；5—放射性监测取样管

6—尾气监测取样管（长 30～50mm）；7—滤尘器压差测量管

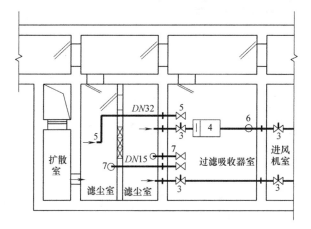

图 3-38 取样管、压差测量管平面布置图

1—消波设施；2—油网滤尘器；3—密闭阀门；4—过滤吸收器；

5—放射性监测取样管；6—尾气监测取样管（长 30～50mm）；

7—滤尘器压差测量管

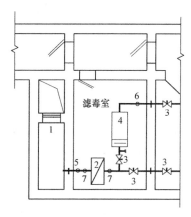

图 3-39 取样管、压差测量管平面布置图

1—消波设施；2—油网滤尘器；3—密闭阀门；

4—过滤吸收器；5—放射性监测取样管；

6—尾气监测取样管（长 30～50mm）；

7—滤尘器压差测量管

（3）在滤毒室内进入风机的总进风管上和过滤吸收器的出风口处应设置尾气监测取样管，尾气监测取样管采用 $DN15$、长 30～50mm 垂直于风管的热镀锌钢管，并应有密闭措施。实现对过滤后的空气取样检测，判断通风系统过滤、防毒性能有无下降。如图 3-40 所示。

（4）阻力测量管应采用 $DN15$ 热镀锌钢管，并在管道末端设置铜闸阀。

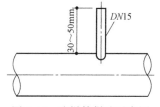

图 3-40 取样管做法示意图

（5）空气放射性监测取样管采用 $DN32$ 的热镀锌钢管，并在管道末端设置铜闸阀。

3.7.5 通风方式信号指示

清洁式、滤毒式和隔绝式通风方式的声光信号控制箱应设在防化值班室和控制室，显示三种通风方式的声光信号箱应设置在电站、控制室/配电室，风机室、指挥室、作战值班室、防化化验室、防化值班室、出入口最后一道密闭门的内侧和其他需要设置的地方。

通风方式信号箱（或数字显示器），指示清洁式通风（绿灯），滤毒通风（黄灯＋警铃），隔绝式通风（红灯＋警铃）。如图 3-41 所示。

图 3-41　通风方式信号箱

第4章 防空地下室通风量及管道计算方法

按照通风系统的作用范围不同，通风系统可分为全面通风和局部通风。

局部通风的作用范围仅限于工程的个别地点或局部区域。局部排风是将有害物在产生地点就地排除，防止扩散；局部送风是将新鲜空气直接送到局部区域，以改善局部区域的空气环境。

全面通风也称稀释通风，它是对整个工程进行换气，适用于室内有害物发生源分散而又要求室内全面保持卫生条件的场合，是目前防空地下室常用的通风方式。

4.1 全面通风换气微分方程式

本节以一个房间为例，讨论全面通风时通风量与室内污染物浓度变化的规律。

4.1.1 全面通风换气微分方程

为了方便分析，在讨论之前，首先设两个假定：

（1）假定室内有害物发生源均匀、连续地散发出有害物，并迅速扩散到整个房间，且不被室内物体所吸收。

（2）假定房间气流组织合理，进入的新风也是及时均匀地扩散到整个房间。如图4-1所示：

在体积为V的房间内，有害物发生源单位时间散发的有害物量为x，通风系统启动前室内空气中有害物浓度为c_1，如果采用全面通风稀释室内空气中的有害物，通风量为L，那么在任意一个微小的时间间隔$d\tau$内，室内得到的有害物量（即有害物源散发的有害物量和新风带入的有害物量）与从室内排出的有害物量（排出空气带走的有害物量）之差应等于整个房间内增加（或减少）的有害物量，即：

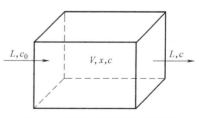

图4-1 房间全面通风换气模型

$$Lc_0 d\tau + x d\tau - Lc d\tau = V dc \tag{4-1}$$

式中 L ——全面通风量，m^3/s；

c_0——新风中有害物浓度，g/m^3；

x——有害物散发量，g/s；

c——在某一时刻室内空气中有害物浓度，g/m^3；

V——房间体积，m^3；

$d\tau$——某一段无限小的时间间隔，s；

dc——在 $d\tau$ 时间段房间内有害物浓度的增量，g/m^3。

公式（4-1）称为全面通风的基本微分方程式。它反映了任意瞬间室内空气中有害物浓度 c 与全面通风量 L 之间的关系。

对公式（4-1）进行变换：

$$\frac{d\tau}{V} = \frac{dc}{Lc_0 + x - Lc}$$

由于常数的微分为零，上式可改写为：

$$\frac{d\tau}{V} = -\frac{1}{L} \frac{d(Lc_0 + x - Lc)}{Lc_0 + x - Lc}$$

如果在 τ 秒钟内，室内空气中有害物浓度从 c_1 变化到 c_2，那么

$$\int_0^\tau \frac{d\tau}{V} = -\frac{1}{L} \int_{c_1}^{c_2} \frac{d(Lc_0 + x - Lc)}{Lc_0 + x - Lc}$$

$$-\frac{\tau L}{V} = \ln \frac{Lc_2 - x - Lc_0}{Lc_1 - x - Lc_0}$$

即

$$c_2 = c_1 \exp\left(-\frac{\tau L}{V}\right) + \left(\frac{x}{L} + c_0\right)\left[1 - \exp\left(-\frac{\tau L}{V}\right)\right] \tag{4-2}$$

令式（4-2）中 $\frac{L}{V} = k$，k 称为房间的换气次数，反映房间通风换气的强度，则公式变换为：

$$c_2 = c_1 \exp(-k\tau) + \left(\frac{Lc_0 + x}{L}\right)\left[1 - \exp(-k\tau)\right] \tag{4-3}$$

4.1.2　公式分析

1. 当 $x=0$，$c_0=0$ 时，相当于房间内一次性产生某种有害物，造成了室内有害物浓度为 c_1（以后不再发生），而进入室内的新鲜空气中又不含有该有害物。此时，公式（4-3）变为：

$$c_2 = c_1 e^{-k\tau}$$

由图 4-2 可知，随着通风时间 τ 的增加，c_2 逐渐接近于 0，只要时间足够长，可认为室内有害物浓度为零。

2. 当 $x=0$，$c_1=0$ 时，相当于室内本无有害物发生，但室外新风中含有害物导致室内污染，例如战时敌人实施毒气袭击，通风时工程内染毒浓度情况。此时公式（4-3）变为：

$$c_2 = c_0(1 - e^{-k\tau})$$

由图 4-3 可知，随着通风时间的增加，室内的染毒浓度将无限接近于室外浓度。

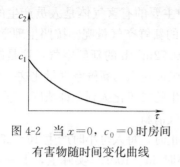

图 4-2 当 $x=0$，$c_0=0$ 时房间
有害物随时间变化曲线

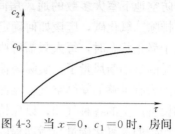

图 4-3 当 $x=0$，$c_1=0$ 时，房间
有害物随时间变化曲线

3. $c_1=0$ 时，相当于房间内有害物初始浓度为 0，有害物产生的同时进行通风。例如间歇使用的柴油电站内，柴油发电机及通风机同时开始工作，公式（4-3）变为：

$$c_2=\left(\frac{Lc_0+x}{L}\right)(1-e^{-k\tau})$$

由图 4-4 可知，随着通风时间的增加，室内污染物浓度 c_2 趋于稳定的 $\dfrac{Lc_0+x}{L}$ 值，为了确保室内污染物浓度达标，$\dfrac{Lc_0+x}{L}$ 值必须控制在允许浓度以下。

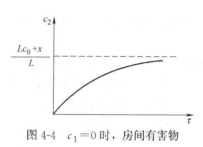

图 4-4 $c_1=0$ 时，房间有害物
随时间变化曲线

4. 当 x、L 不变，而通风时间 $\tau\rightarrow\infty$ 时，则公式（4-3）变为：$c_2=\dfrac{Lc_0+x}{L}$

则： $$L=\frac{x}{c_2-c_0} \tag{4-4}$$

式中 x——单位时间内房间产生的有害气体量，g/s；

c_0——送入房间的新鲜空气的有害气体浓度，g/m^3；

c_2——房间有害气体的允许浓度，g/m^3；

L——单位时间内房间的通风换气量，m^3/s。

这是一个通风的稳定状态，大多数通风设计计算都是按稳定状态进行的。长期连续通风时室内污染物浓度与初始浓度无关，而是取决于通风量的大小和新风中污染物的浓度。

在设计计算中，如果工程内的污染物主要是气态污染物，对于单一种类的气态污染物，通常运用公式（4-4）计算排除有害气体所需的通风换气量。有害气体的允许浓度 c_2 可从国家制定的卫生标准中查得。

当房间内同时有多种有害气体时，通常应分别计算然后取最大值作为全面通风量。但有时会出现这种情况：工程内同时散发数种溶剂（如苯及同系物醇类）蒸气或数种刺激性气体（如 SO_2、HCl 等）时，因上述有害物对人体健康的危害在性质上是相同的，应把它们看成一种有害物，因此实际所需要的全面通风换气量应是分别消除每一种有害气体所需的全面通风换气量之和。

对于防空地下室大多数的通风房间，空气中主要的有害气体是人员产生的二氧化碳，为了排除二氧化碳，应该如何确定送入房间的新鲜空气量呢？按照生理学的观点，当人员处于静止状态时，每人只需呼吸 $0.576 \sim 0.72 \mathrm{m}^3/\mathrm{h}$ 的新鲜空气，这是维持人员生命而必需的最小新风量了，实际为保证人员呼吸而送入的新鲜空气量比这一风量大很多。这是因为有足够的新鲜空气才能冲淡人员产生的二氧化碳到允许浓度以下，并能消除人员和设备产生的各种气味，以保持工程内空气清新。

人员产生的二氧化碳量与活动程度有关。静止时，每人每小时产生 $16 \sim 25 \mathrm{L}$；而在激烈体力活动时，二氧化碳发生量可达每人每小时 $50 \sim 100 \mathrm{L}$。实际上，上一节介绍的各种通风条件下人员新风量标准，就是基于人员呼出的二氧化碳量和卫生要求而确定的。

在防空地下室中，有些房间散入室内的有害物无法具体计算，为了简化计算，这些房间的全面通风换气量可根据对类似房间进行调查或测定，得出所需的换气次数，然后确定其排风换气量，其计算公式为式（4-5）。

$$L = KV \tag{4-5}$$

式中　L——该房间的通风量，m^3/h；

　　　K——房间的换气次数，次/h；

　　　V——房间的容积，m^3。

相关设计规范规定了防空地下室内部分房间的换气次数，见表4-1中。

防空地下室某些房间的换气次数 K（次/h）　　　　　　表 4-1

房间名称	换气次数	房间名称	换气次数
盥洗室、浴室、开水间	3~5	汽车库、贮油库	4~6
贮水池、水泵间、水库	3~6	餐厅	6~8
厕所、卫生间	10~15	冷饮、咖啡厅、酒吧	4~6
污水池、污水泵站	8~10	吸烟室、食品加热间	10~20
封闭式蓄电池室	3	防化化验间	8~10
物资库	1~2	主干道、支干道	2~3

4.1.3　消除余热通风量计算

当通风房间的主要有害物是余热时，房间通风的主要任务是排除余热，见图4-5。

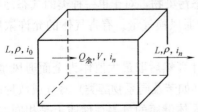

在体积为 V 的房间内，单位时间散发的热量为 $Q_余$，通风系统启动前室内空气焓值为 i_1，如果采用全面通风，通风量为 L，那么在任意一个微小的时间间隔 $d\tau$ 内，室内得到的热量（即室内散发的余热量和新风带入的热量）与从室内排出的热量（排出空气带走的热量）之差应等于整个房间增加（或减少）的热量，即：

图 4-5　排除余热通风房间模型

$$(L\rho i_0 + Q_{余} - L\rho i)\mathrm{d}\tau = V\rho\mathrm{d}i \tag{4-6}$$

式中　i——室内空气的焓，kJ/kg；

i_0——室外空气的焓，kJ/kg；

$Q_{余}$——余热量，kJ/h；

$L\rho$——空气的质量流量，kg/h。

假设通风在 $0\rightarrow T$ 时间内，室内空气焓值由 $i_1\rightarrow i_N$。

将式（4-6）整理积分并化简为：

$$i_N = \left(i_0 + \frac{Q_{余}}{L\rho}\right)(1 - e^{-k\tau}) + i_1 e^{-k\tau} \tag{4-7}$$

如果室内的余热仅是显热，即 $i = C_p t$ 则式（4-7）可改写为：

$$C_p t_N = \left(C_p t_0 + \frac{Q_{显}}{L\rho}\right)(1 - e^{-k\tau}) + C_p t_1 e^{-k\tau}$$

即

$$t_N = \left(t_0 + \frac{Q_{显}}{L\rho C_p}\right)(1 - e^{-k\tau}) + t_1 e^{-k\tau} \tag{4-8}$$

$T\rightarrow\infty$ 时，公式（4-7）得：$i_N = i_0 + \dfrac{Q_{余}}{L\cdot\rho}$

则有

$$L = \frac{Q_{余}}{\rho(i_N - i_0)} \tag{4-9}$$

式中　$Q_{余}$——单位时间内房间产生的余热量，kW；

i_0——室外空气的焓，kJ/kg 干空气；

i_N——房间内空气应保持的焓，kJ/kg 干空气；

ρ——空气的密度，kg/m³；

L——房间为排除余热所需之通风量，m³/s。

当房间的余热仅仅为显热：

$T\rightarrow\infty$ 时，公式（4-9）可写成式（4-10）的形式：

$$L = \frac{Q_{显}}{\rho C_p(t_N - t_0)} \tag{4-10}$$

式中　$Q_{显}$——房间的显热余热，kW；

C_p——空气的质量定压比热容，$C_p = 1.01$kJ/(kg·℃)；

t_0——室外空气的温度，℃；

t_N——房间应保持的空气温度，℃。

在防空地下室中有一些发热量较大的房间，例如地下柴油电站机房和通信枢纽的发信机房。这些房间内设备的发热量很大，并且主要是显热，通风主要解决降温问题，即向室内送冷风以降低室内空气温度。

确定此类工程全面换气量的步骤如下：

1. 计算房间的总发热量（显热）

房间内总发热量分为两部分，其一是人员的散热量，其二是各种设备的发热量。需分别计算：

（1）人员的散热量

$$Q = Nq \tag{4-11}$$

式中 Q——人员散热量，kW；

N——房间内总人数；

q——人员散热（显热）量，kW，见表 4-2。

人体的散热量与室内温度及人员活动情况有关。人体向外界散热主要有两个途径，一是通过对流和辐射传递的显热，二是通过人体散湿释放出的潜热。表 4-2 分别列出了不同情况下人体的散热量。

成年男子在不同运动状态下的人均散热量（kJ/h） 表 4-2

室内温度(℃)	静坐			极轻劳动			轻劳动			中等劳动			重劳动		
	全热	潜热	显热	全热	潜热	显热	全热	潜热	显热	全热	潜热	显热	全热	潜热	显热
16	419	63	356	510	121	389	679	265	423	850	310	540	1465	775	690
17	406	71	335	507	130	377	670	268	402	850	339	511	1465	795	670
18	402	80	322	502	142	360	666	285	381	850	368	482	1465	816	649
19	398	84	314	502	154	348	658	302	356	850	398	452	1465	837	628
20	393	92	301	489	167	322	658	323	335	846	423	423	1465	858	607
21	389	100	289	490	184	306	653	339	314	846	444	402	1465	879	586
22	389	109	280	486	201	285	653	360	293	846	473	373	1465	900	565
23	389	121	268	482	214	268	653	381	272	846	498	348	1465	921	544
24	389	134	255	481	230	251	653	402	251	846	528	318	1465	942	523
25	389	147	242	481	247	234	653	423	230	846	548	298	1465	963	502
26	389	163	226	481	263	218	653	444	209	846	578	268	1465	984	481
27	389	180	209	481	276	205	653	465	188	846	603	243	1465	1005	460
28	389	197	192	481	297	184	653	486	167	846	628	218	1465	1025	440
29	389	218	171	481	318	163	653	511	142	846	658	188	1465	1047	418
30	389	234	155	481	335	146	653	528	125	846	683	163	1465	1067	398

* 本表数据摘自《简明通风设计手册》，孙一坚主编，中国建筑工业出版社。

（2）电动机设备的发热量

$$Q = \frac{N(1-\eta)}{\eta} \times 3600 \tag{4-12}$$

式中 Q——电动设备散热量，kW；

N——电动机设备的安装功率，kW；

η——电动机的效率，见设备铭牌，也可参照表 4-3 选取。

JO$_2$ 型电动机的效率 表 4-3

电动机功率(kW)	0.25~1.1	1.5~2.2	3.0~4.0	5.5~7.5	10.0~13.0	17.0~22.0
电机效率 η	0.76	0.80	0.83	0.85	0.87	0.88

（3）通信设备的发热量

$$Q = K_1 K_2 N \quad (kW) \tag{4-13}$$

式中 N——通信设备的安装功率，kW；

K_1——通信设备的热转换系数，见表4-4；

K_2——通信设备的同时使用系数，按实际情况确定。

通信设备的热转换系数 K_1 表 4-4

房间名称	主要设备	$K_1(\%)$
载波电话机室	载波电话机	95
载波电报机室	间频载波电报机	95
保密机室	保密机	95
长途台	长途交换机专线台、接线台、转接台、记录台、班长台	90
长途机械室	长途线架、混合列架、信号架、配线架	90
自动电话机室	自动电话交换机	90
传真报房	传真电话机	95
充电机室	硒整流器	40
电传室	电传打字机	80~90
收信机室	收信机	95
发信机室	发射机	60~70
会议电话室	收发话机	90

（4）照明设备的发热量

白炽灯：
$$Q = N \quad (kW) \tag{4-14}$$

荧光灯：
$$Q = \eta_1 \eta_2 N \quad (kW) \tag{4-15}$$

式中 N——灯具容量，kW；

η_1——镇流器散热系数，镇流器装在室内时取 1.2，装在顶棚内时取 1.0；

η_2——考虑玻璃反射、顶棚内通风情况等的系数，当荧光灯罩穿有小孔，利用自然通风散热于顶棚内时，取 0.5~0.6，荧光灯罩无通风孔，取 0.6~0.8。

在计算整个房间的总发热量时，应特别注意各种设备的同时使用情况，将在某一时刻设备同时使用且发热量之和的最大数值作为计算发热量。

2. 计算房间的总散热量

防空地下室主要通过围护结构散热，计算方法详见相关规范，此处不再赘述。

3. 求房间的余热量

$$Q_显 = Q_发 - Q_散 \tag{4-16}$$

即总发热量减去总散热量为该房间的余热。

4. 计算通风换气量 L

$$L = \frac{Q_余}{(t_p - t_j)C\rho} \tag{4-17}$$

在某些设备发热量较大且房间高度较高的房间里，排风温度不等于工作区温度 t_g，有下列关系：

$$t_p = t_g + \beta(h - h_g) \tag{4-18}$$

式中　t_p——排风温度，℃；

　　　β——温度梯度，即房间每升高一米，空气温度增加 $\beta = 0.2 \sim 2.0$℃/m；

　　　h——由地板面到排风口中心的垂直距离，m；

　　　h_g——由工作区到排风口中心的垂直距离，m；

　　　t_g——工作区温度，℃。

但在大多数地下工程中，房间高度不是很高，可以认为排风温度等于工作区温度。

当房间余热量较大而外界空气温度又较高时，例如夏季，计算得出的通风换气量必然很大，往往不经济。这时可考虑采用空调的方法进行降温处理，以减少通风量。冬季进气温度较低时，可以直接引入室外空气，但应防止将室外冷空气直接吹到人员身上。总之，在进行设计时，应根据余热量的大小、间间温度要求及室外一年四季气象条件等情况，制定不同的通风、空调方案，进行技术、经济比较，然后择优设计。

5. 校核通风量能否满足排除有害气体和人员卫生要求

4.1.4　消除余湿通风量计算

当通风房间的主要有害物是余湿时，通风的主要任务是排除余湿，见图4-6。

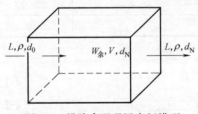

图4-6　排除余湿通风房间模型

在体积为 V 的房间内，单位时间散发的湿量为 $W_{余}$，通风系统启动前室内空气含湿量为 d_1，如果采用全面通风，通风量为 L，那么在任意一个微小时间间隔 $d\tau$ 内，室内得到的湿量（即室内散发的湿量和通风带入的湿量）与从室内排出的湿量（排出空气带走的湿量）之差应等于整个房间内增加（或减少）的湿量，即：

$$\left(L\rho \frac{d_0}{1000} + W_{余} - L\rho \frac{d}{1000} \right) d\tau = V\rho\, d\left(\frac{d}{1000} \right) \tag{4-19}$$

式中　d——室内空气的含湿量，g/kg 干空气；

　　　d_0——室外空气的含湿量，g/kg 干空气；

　　$W_{余}$——余湿量，kg/h；

　　　$L\rho$——空气的质量流量，kg/h。

因湿空气中，水蒸气含量的绝对值甚小，故此质量流量近似等于干空气的质量流量。

假设通风 $0 \to T$ 时间内，室内含湿量由 $d_1 \to d_N$。

对式（4-19）整理积分并化简为：

$$\frac{d_N}{1000} = \left(\frac{d_0}{1000} + \frac{W_{余}}{L\rho} \right)(1 - e^{-k\tau}) + \frac{d_1}{1000} e^{-k\tau} \tag{4-20}$$

当通风延续时间 $T \to \infty$ 时，式中 $e^{-k\tau} \to 0$，此时表明通风达到稳定状态。

由公式（4-21）得：$\dfrac{d_N}{1000} = \dfrac{d_0}{1000} + \dfrac{W_余}{L \cdot \rho}$

则有
$$L = \dfrac{W_余}{\rho\left(\dfrac{d_N - d_0}{1000}\right)} \tag{4-21}$$

式中　$W_余$——单位时间内房间产生的余湿量，kg/h；

　　　d_0——室外空气的含湿量，g/kg 干空气；

　　　d_N——房间内空气应保持的含湿量，g/kg 干空气。

在很多情况下，防空地下室内部房间的余热量小、余湿量大。为了保持房间的温湿度，通风换气的目的主要是为了消除余湿。

其计算步骤是：

1. 确定工程内总散湿量

工程散湿主要有：人体的散湿，墙面的散湿，暴露的水面、潮湿表面及人为散湿等。

（1）人体散湿量用式（4-22）计算。

$$W = NG \tag{4-22}$$

式中　W——人体散湿量，g/h；

　　　G——成年男子每人每小时散湿量，g/h，见表 4-5；

　　　N——工程内人数。

成年男子人体人均散湿量表（g/h）　　　　表 4-5

人员状态 室内温度（℃）	静坐	极轻劳动	轻劳动	中等劳动	重劳动
16	26	50	105	128	321
17	30	54	110	141	330
18	33	59	118	153	339
19	35	64	126	165	347
20	38	69	134	175	356
21	41	76	140	184	365
22	45	83	150	196	373
23	50	89	158	207	382
24	56	96	167	219	391
25	61	102	175	227	400
26	68	109	184	240	408
27	75	116	193	250	417
28	82	123	203	260	425
29	90	132	212	273	434
30	97	139	220	283	443

（2）常压下暴露水面或潮湿表面的散湿量用式（4-23）计算。

$$W = (a + 0.00013V)(P_2 - P_1)\frac{B_0}{B}F \tag{4-23}$$

式中 W——暴露水面或潮湿表面散湿量，kg/h；

a——在不同水温下的扩散系数，kg/(m²·h·Pa)，其数值参见表4-6；

F——蒸发表面积，m²；

V——蒸发表面的空气流动速度，m/s；

P_1——周围空气的水蒸气分压力，Pa；

P_2——相应于蒸发表面温度下饱和空气的水蒸气分压力，Pa；

B——工程内实际大气压，Pa；

B_0——标准大气压，取101325Pa。

不同水温下的扩散系数 (a)　　　　　　　　表 4-6

水温(℃)	30 以下	40	50	60	70	80	90	100
a	0.00017	0.00021	0.00025	0.00028	0.003	0.00035	0.00038	0.00045

(3) 围护结构壁面散湿量

① 施工余水

地下工程在工程构筑、混凝土、砖砌衬套等施工过程中使用了大量的水，其中一小部分参加了水化反应，而大量的水分在混凝土凝结过程中游离存在，不断蒸发，形成了混凝土内部的空隙和相互贯通的毛细孔，施工余水的散发量可按下列数据估算：

混凝土或钢筋混凝土施工水分散发量：180~250kg/m³。

水泥砂浆施工水分散发量：300~450kg/m³。

砖砌墙体施工余水散发量：110~270kg/m³。

由于施工余水的存在，防空地下室在竣工后应综合考虑消除余水的技术措施（如加热通风驱湿等），充分消除施工余水对空气环境的影响。依靠自然干燥，一般需要2~3年，而后工程进入正常使用和维护阶段。

在进行防空地下室通风除湿设计时，仅考虑工程在正常使用期的湿负荷，一般不考虑施工余水，但可作为工程除湿系统运行调试时的因素来考虑。

② 衬砌渗漏水

防空地下室周围的岩石或土壤中的地下水，通过壁面衬砌的裂缝、施工缝、伸缩沉降缝等部位渗漏到工程内部，形成水滴或水流，造成工程内空气湿度增大。如果工程内没有排水措施，这部分水分都将成为湿负荷。因此，防空地下室在施工过程中要做好防水堵漏。

对于贴壁衬砌，防空地下室的壁面与岩石或土壤连接，由于壁面衬砌材料的不密实性以及施工水的蒸发，在衬砌层中留下了微小的毛细管，岩石的裂隙水和土壤中的水分通过毛细孔渗透到工程的内壁面，散发到室内。贴壁衬砌的壁面散湿量与衬砌材料、室内温度、相对湿度、室内风速密切相关。衬砌层越厚、材料越密实，散湿量越小；室内水蒸气分压力越高，散湿量越小；壁面风速增大，散湿量增大，当壁面风速为0.3~0.5m/s时，散湿量是不通风时的2~3倍。由于壁面散湿因素的复杂性，目前还没有成熟的计算公式，在没有实测数据的情况下，可取贴壁衬砌时围护结构散湿量为 $0.5\sim$ $1.0g/(m^2\cdot h)$。

③ 衬砌层外湿空气的渗透散湿

对于离壁衬砌或砖砌衬套的工程而言，地下水不会直接进入工程内壁面，而是进入衬砌层或衬套外的空间中，使该空间充满了饱和状态的潮湿空气，水蒸气分压力明显高于工程内部水蒸气分压力，水蒸气在压差作用下，透过壁面进入工程内。其散湿量可由式（4-24）计算：

$$W_{渗}=DF\frac{P_{外}-P_{内}}{\delta RT\mu} \tag{4-24}$$

式中　$W_{渗}$——离壁衬砌水蒸气渗透量，kg/h；

R——水蒸气气体常数，$R=47.06$；

T——衬砌层绝对温度平均值，K；

$P_{外}$——衬砌层外侧空气水蒸气分压力，Pa；

$P_{内}$——工程内部空气中水蒸气分压力，Pa；

F——衬砌层内外表面积平均值，m^2；

δ——衬砌层平均厚度，m；

μ——衬砌材料的扩散阻力系数，一般取 $28\sim40$；

D——空气中水蒸气的扩散系数，按式（4-25）计算：

$$D=D_0\frac{B_0}{B}\left(\frac{T}{T_0}\right)^{\frac{3}{2}} \tag{4-25}$$

式中　$B_0=101325Pa$，$T_0=273.15K$，$D_0=0.0792$；

B——工程内实际大气压力，Pa；

T——工程内实际绝对温度，K。

由式（4-24）可以看出，离壁衬砌的散湿量大小，同样与衬砌材料、内部空气温湿度、气流速度等因素有关，在工程设计过程中，很难得到准确的资料。为了方便设计计算，在没有实测数据时，离壁衬砌的工程壁面散湿量可按 $0.5g/(m^2\cdot h)$ 估算。

因此，防空地下室在不考虑施工余水和漏水的情况下，壁面散湿量用式（4-26）计算。

$$W=Fg \tag{4-26}$$

式中　W——壁面散湿量，g/h；

F——衬砌层内表面积，m^2；

g——单位时间单位面积内表面积散湿量，$g/(m^2\cdot h)$；对于一般混凝土贴壁衬砌，取 $g=0.5\sim1g/(m^2\cdot h)$；衬套、离壁衬砌，取 $g=0.5g/(m^2\cdot h)$。

（4）人为散湿量

人为散湿是指地下建筑物内人员在日常生活中引起的水分蒸发，如洗脸、吃饭、喝水引起的水分蒸发，出入盥洗室、厕所等带出的水分等。根据试验测定，人员 24h 在工程内生活、工作时，可按人均 $30\sim40g/h$ 计算。

2. 确定 d_N 和 d_0 值

d_0 为进风的空气含湿量（即工程外空气计算含湿量），d_N 为工程要求保持的空气含湿量。但是，只有一个参数 d_N 并不能反映工程内的潮湿程度，通常应根据在换气时间内工程内部可能出现的最低温度及工程要求的相对湿度来确定 d_N 值。有时候会出现 $d_N < d_0$ 的情况，这说明此时采用室外空气通风换气来消除工程内余湿不可行。$d_N > d_0$ 是采用通风驱湿的必要条件，否则需对进风进行降湿处理，或采用其他除湿方法。

3. 按式（4-13）计算通风换气量

4. 校核是否满足排除有害气体的要求

如果室内同时散发余热、余湿和有害物质，则设计通风量取其中的最大者。

4.2 战时通风量计算

4.2.1 通风量计算标准

对于以满足人员呼吸为主的防空地下室通风，为了便于计算，防空地下室相关设计规范确定了人员新风量标准。

1. 平时新风量标准

平时机械通风时，夏季新风量不应小于人均 $30m^3/h$；冬季新风量不应小于人均 $15m^3/h$；平时设空气调节的防空地下室新风量，不宜小于表 4-7 的值。

防空地下室平时空气调节时新风量　　　　　　　　　　表 4-7

房间名称	人均新风量（m³/h）
重要办公室、旅馆饭店、医院病房、会议室、舞厅、美容美发等	≥30
娱乐室、生产车间、网络中心、商务中心等	≥25
一般办公室、餐厅、冷饮、商场营业厅、影剧院观众厅、录像厅等	≥20
酒吧、茶座、咖啡厅	≥10

2. 战时新风量标准

战时人员新风量标准见表 4-8。

防空地下室战时人均新风量 q（m³/h）　　　　　　　　表 4-8

工程类别	清洁式	滤毒式
医疗救护站工程	≥12	≥5
防空专业队人员掩蔽工程、生产车间	≥10	≥5
一等人员掩蔽工程、食品站、区域供水站	≥10	≥3
二等人员掩蔽工程、区域电站控制室	≥5	≥2
警报站等其他配套工程	≥3	—

4.2.2　清洁通风量计算

清洁通风时防空地下室新风量按式（4-26）计算，其中新风量标准从表4-8查得。

$$L=nq \tag{4-27}$$

式中　L——清洁进风量，m^3/h；

　　　n——工程内的掩蔽人数，人；

　　　q——工程内人员人均新风量标准，m^3/h。

4.2.3　滤毒通风量计算

滤毒通风时计算防空地下室新风量既要考虑人员卫生要求，又要考虑工程超压和防毒通道的换气次数要求。即：防空地下室滤毒通风时的新风量应分别按式（4-28）和（4-29）计算，取其中的较大值作为滤毒通风设计风量。

$$L_1=nq_L \tag{4-28}$$

式中　L_1——滤毒通风时按人员卫生要求的新风量，m^3/h；

　　　n——工程内的掩蔽人数，人；

　　　q_L——工程内人员人均滤毒新风量标准，m^3/h，查表4-8。

$$L_H=V_F K+L_f \tag{4-29}$$

式中　L_H——防空地下室滤毒通风保持防毒通道换气和工程超压所需的新风量，m^3/h；

　　　V_F——防空地下室战时主要出入口最小防毒通道容积，m^3；

　　　K——主要出入口防毒通道换气次数，由工程的防化等级确定，次/h；

　　　L_f——滤毒通风时防空地下室保持超压值时的漏风量，m^3/h。设计时，当工程超压为30～50Pa时，漏风量取工程清洁区容积的4％；当工程超压大于50Pa时，漏风量取工程清洁区容积的7％。

4.3　通风管道设计计算

4.3.1　通风管道阻力计算

1. 两种流态及其判别分析

流体在管道内流动时，按其流动状态可以区分为层流与紊流。当呈层流状时，流体是分层流动的，各流层间的流体质点互不混杂，迹线有条不紊地向前流动。当流体呈紊流状态时，各流层间的流体质点互相混杂，迹线无规律地向前流动。

在通风空调工程中，雷诺数通常用式（4-30）表示。

$$Re=\frac{vD}{\gamma} \tag{4-30}$$

式中　Re——雷诺数；

　　　v——风速，m/s；

　　　D——风道直径或当量直径，m；

　　　γ——空气的运动黏度，m^2/s。

一般情况下，当 $Re<2000$ 时，流体处于层流状态，$2000<Re<4000$ 时，流体处于临界区；当雷诺数大于 4000 时，根据相对粗糙度的不同，流体可能处于紊流光滑区、紊流过渡区和粗糙区。在光滑区内，摩擦阻力系数仅与雷诺数有关；而在过渡区内，摩擦阻力系数不但与雷诺数有关，还与粗糙度有关；在粗糙区内，摩擦阻力系数只与相对粗糙度有关。

在通风和空调系统中，雷诺数一般都大于 4000。因此，薄钢板风管的空气流动状态大多属于紊流过渡区和粗糙区。通常，高速风管的空气流动状态也处于过渡区。在风管的直径很小，表面粗糙度很大的砖、混凝土风管中空气流动状态才属于粗糙区。

2. 风管的阻力

当空气在通风管道中流动时，必然要损耗一定的能量来克服风管中的各种阻力。空气在风管内流动之所以产生阻力是因为空气是具有黏性的实际流体，在运动过程中要克服内部相对运动出现的摩擦阻力、风管材料内表面的粗糙程度对气体的阻滞作用和扰动作用。风管内空气流动的阻力有两种，一种是由于空气本身的黏性及其与管壁间的摩擦而引起的沿程能量损失，称为摩擦阻力或沿程阻力；另一种是空气在流经各种管件或设备时，由于速度大小或力的方向变化以及由此产生的涡流造成比较集中的能量损失，称为局部阻力。

(1) 沿程阻力

由流体力学原理，空气的沿程阻力可按式（4-31）计算：

$$P_f = \lambda \frac{l}{d_e} \frac{\rho v^2}{2} \tag{4-31}$$

式中 P_f——摩擦阻力，Pa；

λ——摩擦阻力系数；

v——风管内空气的平均流速，m/s；

ρ——空气的密度，kg/m³；

l——风管的长度，m；

d_e——风管的直径，m。

风管单位长度的摩擦阻力（又称比摩阻）为式（4-32）：

$$R_m = \frac{\lambda}{d_e} \frac{\rho v^2}{2} \tag{4-32}$$

摩擦阻力系数 λ 与空气在风管内的流动状态及风管管壁的粗糙度有关。通风空调系统中，空气的流动状态都处于紊流流态。计算紊流沿程阻力系数的公式较多，下面列出的柯氏公式（4-33）适用范围较大，目前得到了较广泛的应用：

$$\frac{1}{\sqrt{\lambda}} = -2\lg\left(\frac{k}{3.7d} + \frac{2.51}{Re\sqrt{\lambda}}\right) \tag{4-33}$$

式中 k——风管内壁的当量粗糙度，mm；

d——风管直径，mm；

Re——雷诺数。

该公式用手解较难，一般用计算机求解。

进行通风管道的设计时，为了避免烦琐的计算，可利用根据公式制成的计算表或线解图。

矩形风管的摩擦阻力计算：矩形风管的沿程阻力计算是按圆形风管得出的，在进行矩形风管的摩擦阻力计算时，需要把矩形风管断面尺寸折算成与之相当的圆形风管直径，即当量直径，从而得到矩形风管的单位长度摩擦阻力。"当量直径"就是与矩形风管有相同单位长度摩擦阻力的圆形风管直径，分为流速当量直径和流量当量直径两种。

① 流速当量直径。如果某一圆形风管中的空气流速，与边长为 $a \times b$ 矩形风管中的空气流速相等，同时两者的单位长度摩擦阻力也相等，则该圆形风管的直径就称为矩形风管的流速当量直径，以 D_v 表示。根据这一定义，由式（4-31）可以得出，圆形风管和矩形风管的水力半径必须相等。

圆形风管的水力半径：

$$R'_s = \frac{D}{4}$$

矩形风管的水力半径：

$$R''_s = \frac{ab}{2(a+b)}$$

令 $R'_s = R''_s$，则有式（4-34）：

$$D = \frac{2ab}{a+b} = D_v \tag{4-34}$$

由矩形风管的流速当量直径 D_v 和实际流速 v，可从相关计算表或线解图中查得对应圆形风管 R_m 的矩形风管单位长度摩擦阻力。

② 流量当量直径。如果某一圆形风管中的空气流量与矩形风管的空气流量相等，并且单位长度摩擦阻力也相等，则该圆形风管的直径就称为此矩形风管的流量当量直径，以 D_L 表示。流量当量直径可近似按式（4-35）计算：

$$D_L = 1.27\sqrt[5]{\frac{a^3 b^3}{a+b}} \tag{4-35}$$

以流量当量直径 D_L 和对应的矩形风管的流量 L，查得的单位长度摩擦阻力 R_m，即为矩形风管的单位长度摩擦阻力。

（2）局部阻力

通常各种管道都要安装一些诸如断面变化的管件（如各种变径管、变形管、风管进出口、阀门）、流向变化的管件（弯头）和流量变化的管件如三通、四通、风管的侧面送、排风口，用以控制和调节管内的气流流动。流体经过这些管件时，由于边壁或流量的变化，均匀流在这一局部地区遭到破坏，引起流速的大小、方向或分布的变化，或者气流的合流与分流，使得气流中出现涡流区，由此产生了局部损失。局部阻力种类繁多，体形各异，其边壁的变化大多比较复杂，加上湍流本身的复杂性，多数局部阻力的计算还不能从理论上解决，必须借助于由实验得来的经验公式或系数。

局部阻力按式（4-36）计算：

$$P_j = \zeta \frac{\rho v^2}{2} \tag{4-36}$$

式中 P_j——摩擦阻力，Pa；

ζ——局部阻力系数。

实验中局部阻力系数值是通过测出管件前后的全压差（即局部阻力 P_j）除以与速度 v 相应的动压得到的。计算局部阻力时，要注意 ζ 值所对应的气流速度。

根据流体力学原理，由于通风、空调系统中空气的流动都处于自模区，局部阻力系数 ζ 只取决于管件的形状，所以一般不考虑相对粗糙度和雷诺数的影响。

局部阻力在通风、空调系统阻力中占有较大的比例，在设计时应加以注意。减小局部阻力的着眼点在于防止或推迟气流与壁面的分离，避免漩涡流区的产生或减小漩涡流区的大小和强度。下面介绍几种常见的减小局部阻力的措施。

① 渐扩管和渐缩管

当气流流经断面面积变化的管件（如渐扩管和渐缩管），或断面形状变化的管件（如异形管）时，由于管道断面的突然变化使气流产生冲击，周围出现涡流区，造成局部阻力。扩散角大的渐扩管局部阻力系数也较大，因此尽量避免风管断面的突然变化，用渐缩或渐扩管代替突然缩小或突然扩大，中心角 α 最好在 $8°\sim10°$，不要超过 $45°$。

② 三通

三通内流速不同的两股气流汇合时的碰撞，以及气流速度改变时形成涡流是造成局部阻力的原因。两股气流在汇合过程中的能量损失一般是不同的，它们的局部阻力应分别计算，对应有两个系数。

当合流三通内直管的气流速度大于支管的气流速度时，直管气流会引射支管气流，即流速大的直管气流失去能量，流速小的支管气流得到能量，因而支管的局部阻力系数有时出现负值。同理，直管的局部阻力系数有时也会出现负值。但是，直管和支管二者有得有失，能量总是处于平衡，不可能同时为负值。引射过程会有能量损失，为了减小三通的局部阻力，应尽量避免出现引射现象。

三通的局部阻力大小，取决于三通断面的形状、分支管中心夹角、支管与干管的截面积比、支管与干管的流量比（即流速比）以及三通的使用情况（用作分流还是合流）。分支管中心夹角宜取得小一些（一般不超过 $30°$，只是在受现场条件限制或者为了阻力平衡需要的情况下，才采用较大的夹角），或者将支管与干管连接处的折角改缓，以减小三通的局部阻力，如图 4-7 所示。三通支管常采用一定的曲率半径，同时还应尽量使支管和干管内的流速保持相等。

（3）弯管

管道布置时，应尽量采取直线，减少弯管，或者用弧弯代替直角弯。弯管的阻力系数在一定范围内随曲率半径的增大而减小，圆形风管弯管的曲率半径一般应大于 $1\sim2$ 倍管径（图 4-8）；矩形风管弯管断面的长宽比（B/A）愈大，阻力愈小（图 4-9），其曲率半径一般为当量直径的 $6\sim12$ 倍。对于断面大的弯管，可在弯管内部布置一组导流叶片（图 4-10），以减小漩涡区和二次流，降低弯管的阻力系数。

（4）管道进出口

气流进入风管时，由于气流与管道内壁分离和涡流现象造成局部阻力。气流从风管出口排出时，其在排出前所具有的能量全部损失。当出口处无阻挡时，此能量损失在数

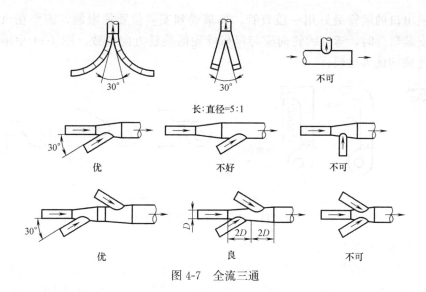

长:直径=5:1

优　　　　　　　不好　　　　　　不可

优　　　　　　　良　　　　　　　不可

图 4-7　全流三通

值上等于出口动压，当有阻挡（如风帽、网格、百叶）时，能量损失将大于出口动压，即局部阻力系数大于 1。因此只有与局部阻力系数大于 1 的部分相对应的阻力才是出口局部阻力（即阻挡造成），等于 1 的部分是出口动压损失。为了降低出口动压损失，有时把出口制作成扩散角较小的渐扩管，ζ 值会小于 1 。应当说明，这是相对于扩展前的管内气流动压而言的。对于不同的进口形式，局部阻力相差较大。

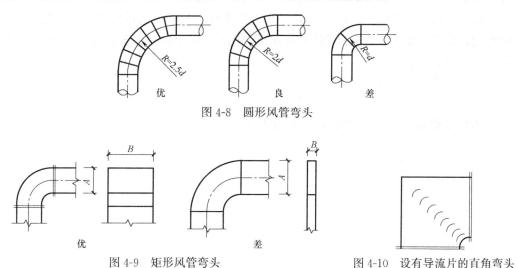

优　　　　　　　　良　　　　　　　差

图 4-8　圆形风管弯头

优　　　　　　　差　　　　　　　　图 4-10　设有导流片的直角弯头

图 4-9　矩形风管弯头

（5）管道和风机的连接

管道与风机的连接应当保证气流在进出风机时均匀分布，避免发生流向和流速的突然变化，避免在接管处产生局部涡流。为了使风机正常运行，减少不必要的阻力，最好使连接风机的风管管径与风机的进、出口尺寸大致相同。如果在风机的吸入口安装多叶形或插板式阀门时，最好将其设置在离风机进口至少 5 倍于风管直径的地方，避免由于吸入口处气流的涡流影响风机效率。在风机的出口处避免安装阀门，连接风机出口的风管最好用一段直管。如果受到安装位置的限制，需要在风机出口处直接安装弯管时，弯管的转向应与风机叶轮的旋转方向一致。图 4-11 中给出了进出口和连接的优劣比较。

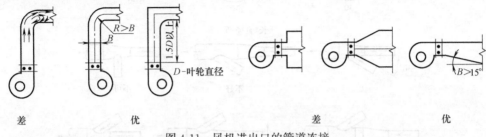

图 4-11　风机进出口的管道连接

（6）合理布置管件，防止相互影响

两个管件的距离很近或直接连接时，由于相互干扰，其局部阻力常会大幅度变化，可能比两个单独阻力之和大，也可能减少，视具体情况而定。但在设计管道时。如在各管件之间留有大于三倍管径的直管距离，可不计相互干扰的影响。

4.3.2　风管内的压力分布

空气在风管内流动时，由于阻力和流速的变化，压力不断变化。为了更好地解决通风、空调系统的设计和运行管理问题，应当研究风管内空气压力的分布规律。

设有一通风系统如图 4-12 所示，分析这个系统中风管内的压力分布。根据流体力学原理，算出各断面的全压、动压和静压值，把它们标出后逐点连接起来，就可得到风管的压力分布图。

下面确定各点压力：

① 点 1：

入口外和入口（点 1）断面的能量方程式：

$$P_{q0} = p_{q1} + Z_1$$

因 P_{q0}＝大气压力＝0，故

$$P_{q1} = -Z_1$$

$$P_{d1-2} = \frac{v_{1-2}^2 \rho}{2}$$

$$P_{j1} = P_{q1} - P_{d1-2} = -\left(\frac{v_{1-2}^2 \rho}{2} + Z_1 \right) \tag{4-37}$$

式中　Z_1——空气入口处的局部阻力；

P_{d1-2}——管段 1-2 的动压。

式（4-37）表明，点 1 处的全压和静压均比大气压低。静压降 P_{j1} 的一部分转化为动压 P_{d1-2}，另一部分用于克服入口处的局部阻力 Z_1。

② 点 2：

$$P_{q2} = P_{q1} - (R_{m1-2} l_{1-2} + Z_2)$$

$$P_{j2} = P_{q2} - P_{d1\text{-}2} = P_{j1} + P_{d1\text{-}2} - (R_{m1\text{-}2}l_{1\text{-}2} + Z_2) - P_{d1\text{-}2}$$
$$= P_{j1} - (R_{m1\text{-}2}l_{1\text{-}2} + Z_2)$$

则 $$P_{j1} - p_{j2} = R_{m1\text{-}2}l_{1\text{-}2} + Z_2 \tag{4-38}$$

式中 $R_{m1\text{-}2}$——管段 1-2 的比摩阻；

Z_2——突扩的局部阻力。

由式（4-38）可以看出，当管段 1-2 内空气流速不变时，风管的阻力是由降低空气的静压来克服的，由于管段 2-3 的流速小于管段 1-2 的流速，空气流过点 2 后发生静压复得现象。

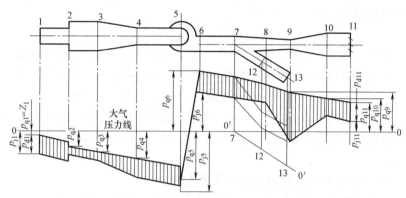

图 4-12　有摩擦阻力和局部阻力的风管压力分布

③ 点 3：

$$P_{q3} = P_{q2} - R_{m2\text{-}3}l_{2\text{-}3} \tag{4-39}$$

④ 点 4：

$$P_{q4} = P_{q3} - Z_{3\text{-}4} \tag{4-40}$$

式中 $Z_{3\text{-}4}$——渐缩管的局部阻力。

⑤ 点 5（风机进口）：

$$P_{q5} = P_{q4} - (R_{m4\text{-}5}l_{4\text{-}5} + Z_5) \tag{4-41}$$

式中 Z_5——风机进口处 90°弯头的局部阻力。

⑥ 点 11（风机出口）：

式中 v_{11}——风管出口处空气流速；

$$P_{q11} = \frac{v_{11}^2 \rho}{2} + Z_{11}' = \frac{v_{11}^2 \rho}{2} + \xi_{11}\frac{v_{11}^2 \rho}{2} = (1 + \xi_{11}')\frac{v_{11}^2 \rho}{2} = \xi_{11}\frac{v_{11}^2 \rho}{2} = Z_{11}' \tag{4-42}$$

式中 Z_{11}'——风管出口处局部阻力；

ξ_{11}'——风管出口处局部阻力系数；

ξ_{11}——包括动压在内的出口局部阻力系数，$\xi_{11} = 1 + \xi_{11}'$。

为便于计算，设计手册中一般直接给出 ξ 值而不是 ξ' 值。

⑦ 点 10：

$$P_{q10} = P_{q11} + R_{m10\text{-}11}l_{10\text{-}11}$$

⑧ 点 9：

$$P_{q9} = P_{q10} + Z_{9-10} \tag{4-43}$$

式中　Z_{9-10}——渐扩管的局部阻力；

⑨ 点 8：

$$P_8 = P_{q9} + Z_{8-9} \tag{4-44}$$

式中　Z_{8-9}——渐缩管的局部阻力；

⑩ 点 7：

$$P_{q7} = P_{q8} + Z_{7-8} \tag{4-45}$$

式中　Z_{7-8}——三通直管的局部阻力；

⑪ 点 6（风机出口）：

$$P_{q6} = P_{q7} + R_{m6-7}l_{6-7}$$

自点 7 开始，有 6-8 及 6-12 两个支管。为了表示支管 6-12 的压力分布。过 $0'$ 引平行于支管 6-12 轴线的 $0'-0'$ 线作为基准线，用上述方法求出此支管的全压值。因为点 7 是两支管的共同点，它们的压力线必定在此汇合，即压力的大小相等。

把以上各点的全压标在图 4-12 中，并根据摩擦阻力与风管长度成直线关系，连接各个全压点可得到全压分布曲线。以各点的全压减去该点动压即为各点静压，可绘出静压分布曲线。

从图 4-12 可看出空气在管内的流动规律为：

（1）风机的风压 P_f 等于风机进、出口的全压差，或者说等于风管的阻力及出口动压损失之和，即等于风管总阻力，可用式（4-45）表示。

$$P_f = P_{q6} - P_{q5} = \sum_l^{10}(R_m l + Z) + R_{m10-11}l_{0-11} + Z_{11} + \frac{v_{11}^2 \rho}{2} = \sum_l^{11}(R_m l + Z) \tag{4-45}$$

（2）风机吸入段的全压和静压均为负值，在入口处负压最大；风机压出段落的全压和静压一般是正值，在出口处正压最大。因此，风管连接处不严密，会有空气漏入或逸出，以致影响风量分配或造成有害气体向外泄漏。

（3）各并联支管的阻力总是相等。如果设计时各支管阻力不相等，在实际运行时，各支管会按其阻力特性自动平衡，同时改变预定的风量分配。

（4）压出段上点 9 的静压出现负值是由于断面 9 收缩得很小，流速大大增加，当动压大于全压时，该处的静压出现负值。

4.3.3　用假定流速法计算通风管道

通风管道的水力计算是在系统和设备布置、风管材料、送排风点的位置和风量均已确定的基础上进行的。其主要目的是：确定各管段的断面尺寸和阻力，确保达到要求的风量分配，并确定风机的型号。有时在风机风量、风压已知的情况下确定风管的断面尺寸。

1. 风管设计的内容和原则

风道的计算分设计计算和校核计算两类。

（1）设计计算

通风、空调工程中，在已知系统和设备布置、通风量的情况下，设计计算的目的就是经济、合理选择风管材料，确定各段风管的断面尺寸和阻力，在保证系统达到要求的风量分配的前提下选择合适的风机型号和电动机功率。

（2）校核计算

当已知风管和断面尺寸，或者通风量发生变化时，校核风机是否能满足工艺要求，以及采用该风机时的动力消耗。

（3）风道设计时必须遵循以下原则：

① 风道系统要经济合理、运行可靠，要便于安装、调节、控制与维修；

② 风道断面尺寸要标准化；

③ 风道的断面形状要与建筑结构相配合，尽量使其美观。

2. 风道设计的方法

风管设计计算方法有假定流速法、压损平均法和静压复得法等三种，常用的是假定流速法。

（1）压损平均法

这一方法是以单位长度风管具有相等的阻力为前提。计算步骤是：将已知的总风压按干管长度平均分配给每一段，再根据每一段的风量和分配到的风压确定风管断面尺寸。在管网系统所用的风机风压已定时，采用等压损法比较方便。对于大的通风系统可利用压损平均法进行支管的压力平衡。

（2）静压复得法

静压复得法是利用风管分支处复得的静压来克服该管段的阻力，根据这一原则确定风管的断面尺寸。此法一般适用于高速通风空调系统的计算。

（3）假定流速法

该方法的特点是：先按技术经济要求选定风管的流速，再根据风管的风量确定风管的断面尺寸和阻力，然后对各支路的压力损失进行调整，使其平衡。这是目前最常用的计算方法。

3. 假定流速法

假定流速法的计算步骤和方法如下：

（1）绘制通风系统轴测图，对各管段进行编号，标注长度和风量。管道长度一般按管件中心线长度计算，不扣除管件（如三通、弯头）本身的长度。

（2）确定合理的空气流速。

合理确定风管内的空气流速对通风系统的经济性有较大影响。流速高，风管断面小，材料耗用少，建造费用少；但系统的阻力大，动力消耗增大，运行费用增加，对空调系统会增加噪声，对除尘系统会增加设备和管道的磨损。流速低，阻力小，动力消耗少；但风管断面大，材料和建造费用大，风管占用的空间也大，对除尘系统风速太低会使粉尘沉积堵塞管道。因此，必须通过全面的经济技术比较选定合理的流速。根据经验总结，一般风管内空气流速可按表 4-9 确定，有消声要求的通风空调系统，其风管内的空气流速宜按表 4-10 选用，机械通风的进排风口风速宜按表 4-11 确定。

（3）根据各风管的风量和选择的流速确定各管段的断面尺寸，并选择最不利环路（即从风机到某送风口之间阻力最大的管路），计算摩擦阻力和局部阻力。

通风空调系统中常用空气流速（低速风管，m/s）　　　表 4-9

干管	支管	从支管上接出的风管	风机入口	风机出口
5.0~6.5/8.0	3.0~4.5/6.5	3.0~3.5/6.0	4.0/5.0	6.5~10.0/11.0

注：表中列值的分子为推荐流速，分母为最大流速。

有消声要求的风管内的空气流速（m/s）　　　表 4-10

室内允许噪声级[dB(A)]	主管风速	支管风速
25~35	3.0~4.0	≤2
35~50	4~7	2~3

机械通风系统的进排风口空气流速（m/s）　　　表 4-11

部位	新风入口	风机出口
住宅与公共建筑	3.5~4.5	5.0~10.5
机房、库房	4.5~5.0	8.0~14.0

（4）确定风管尺寸时，应采用通风管道统一规格，以利于工业化加工制作。风管断面尺寸确定后，应按管内实际流速计算阻力。阻力计算应从最不利环路开始。

（5）并联管路的阻力平衡。

为保证各送、排风口达到设计风量，两并联支管的阻力必须平衡。对一般的通风系统，两支管的阻力差不超过15%；除尘系统应不超过10%。若超过规定，应调整管径或用阀门调节。调整后的管径按式（4-47）计算：

$$D' = D \left(\frac{\Delta P}{\Delta P'} \right)^{0.225} \tag{4-47}$$

式中　D'——调整后管径，mm；

　　　D——原设计管径，mm；

　　　ΔP——原设计支管的阻力，Pa；

　　　$\Delta P'$——要求达到的支管的阻力，Pa。

通过改变阀门的开度而调节管道阻力，从理论上讲是一种简单易行的方法。必须指出，对一个多支管的通风系统进行调试，是一项较复杂的技术工作。必须通过反复的调整、测试才能完成，达到设计的流量分配。

（6）计算系统总阻力。

（7）选择风机：根据输送气体的性质、风量和阻力确定风机的类型和具体型号。考虑到风管、设备的漏风及阻力计算的不精确，通常对风量和风压增加10%~15%附加值。防空地下室滤毒通风还需考虑工程内超压值，一般为30~70Pa。

当风机在非标准状态下工作时，应对风机性能进行换算再选择风机。注意空气状态变化时，实际所需的电机功率会有所变化，应进行验算，检查配用的电机功率是否满足要求。

第5章　柴油发电机房通风系统

战时工程外部电力供应很容易遭到敌人破坏，不能正常供电，因此要求部分防空地下室设立自备电源——柴油发电站。当外部电力供应遭到破坏后，依靠自备电源保障工程内部动力、照明、通信等设备的正常运行。

按供电的范围，柴油发电站分为区域电站和内部电站。

区域电站是独立设置或设置在某个工程内，能给多个人防工程供电的柴油电站。

内部电站是设置在防空地下室内部的柴油电站。按其机组设置情况，可分为固定电站和移动电站。发电机组固定设置，且具有独立的通风、排烟、贮油等系统的柴油电站称固定电站。移动电站是指具有运输条件，发电机组可方便设置就位，且具有专用通风、排烟系统的柴油电站。

电站机房通风降温系统是为柴油发电机房提供适宜的空气环境，保障柴油电站正常运行的必要设施。

5.1　柴油电站通风系统设计要求

5.1.1　柴油电站的通风防护标准

柴油电站机房战时允许染毒，电站通风系统应按排除机房内有害气体和机房内余热量，并满足柴油机所需的燃烧空气量进行设计。

1. 柴油电站温湿度要求

柴油发电机要正常运行必须有适宜的温湿度环境，否则将影响发电机组的发电效率，相关规范规定了柴油电机房及操作间的温度和相对湿度，见表5-1。

柴油电站机房内温湿度标准　　　　　　　　表 5-1

房间类型		温度（℃）	湿度（%）
柴油发电机房	隔室操作	≤40	/
	直接操作	≤35	/
	非运行期	≥5	≤75
电站控制室		15～30	/

2. 柴油电站内有害物的容许浓度

柴油机发电过程中，燃烧的废气将从机组和排烟管不严密处泄漏，释放一氧化碳和丙烯醛等污染物，其容许浓度见表5-2。

柴油电站机房内有害物质的允许浓度　　　　　　　　　　　　　　　表 5-2

有害物种类	允许浓度（mg/m³）
一氧化碳	30
丙烯醛	0.3

3. 柴油电站的防化要求

由于柴油机工作时需要燃烧空气，并且战时使用时可以通过电站控制室隔室操作，因此电站机房无防化要求，允许染毒；电站控制室需人员值班，因此柴油发电站独立设置时，电站控制室防化级别不应低于丙级，应设置由电站进风系统引入的滤毒通风装置；柴油发电站与主体工程连通时，控制室的进、排风可由主体工程提供，防化级别与主体工程一致，且不低于丙级。

为了防止柴油机工作时排出的烟气倒灌，柴油发电机房的排风和排烟应独立设置排风和排烟系统，并采取防止烟气倒灌的技术措施。

4. 电站的抗冲击波要求

电站的进排风系统抗冲击波要求主要根据进排风机的抗余压要求确定，一般为0.05MPa。排烟管的抗余压要求主要根据柴油机的抗冲击波余压能力确定，增压发电机排烟管的抗余压为 0.05MPa，非增压发电机排烟管能抗 0.3MPa 的余压。电站排风、排烟应分别设置消波系统。

5.1.2　柴油电站通风系统作用

1. 提供柴油机所需的燃烧空气

柴油机运行需要足够的燃烧空气，其燃烧空气量可从设备样本中查取，一般需要 $7\sim10\mathrm{m}^3/(\mathrm{kW}\cdot\mathrm{h})$。燃烧空气量也可用公式（5-1）计算。

$$L=60K_1K_2\tau iVna \tag{5-1}$$

式中　L——柴油机燃烧空气量，m^3/h；

　　　K_1——换算成大气压条件下的系数，$K_1=0.359P/T$；

　　　P——进气压力，mmHg（0.133kPa）；

　　　T——进气温度，K；

　　　K_2——空气流量系数，四冲程非增压 $K_2=\eta_\mathrm{v}$，四冲程增压 $K_2=\varphi\eta_\mathrm{v}$；

　　　η_v——充气系数，四冲程增压柴油机 $\eta_\mathrm{v}=0.80\sim0.95$，四冲程高速柴油机 $\eta_\mathrm{v}=0.75\sim0.85$。四冲程低速柴油机 $\eta_\mathrm{v}=0.80\sim0.90$；

　　　φ——扫气系数，低增压 $\varphi=1.05\sim1.20$，高增压 $\varphi=1.2\sim1.25$；

　　　τ——冲程系数，四冲程 $\tau=1/2$；

　　　i——汽缸数；

V——汽缸的容积，m^3；

$$V=\frac{\pi d^2}{4}S$$

d——柴油机汽缸活塞直径，m；

S——柴油机汽缸活塞行程，m；

n——发动机转速，转/min；

a——燃烧空气量的附加系数，一般 $a=1.2\sim1.3$。

2. 排除柴油电站内的有害气体

柴油机运转过程中，从机组和排烟管的不严密部位（主要是接头处）不断地向室内泄漏烟气。烟气中的主要有害物是一氧化碳、氮氧化物、二氧化硫和丙烯醛等，其中主要有害物是一氧化碳和丙烯醛，对人体危害较大。因而，需要通过通风换气的方法，向工程内送入工程外的新鲜空气，稀释有害物浓度，并将有害物排至工程外，使电站内有害物的浓度在容许范围内。

3. 保证电站内的温湿度要求

电站内温度过高或湿度过大，对工作人员的健康和设备的正常运行都不利。因此，必须通过通风、降温的方式保证电站内的温湿度要求。

5.1.3　电站机房与工程主体连接通道的通风设计

战时电站机房是染毒区，而工程主体为清洁区，电站控制室位于工程主体内，发电机操作控制人员在电站控制室内，当机组有故障或需要维护时才进入电站机房，电站染毒时，操作人员要采取个人防护措施。为了便于战时发电机组维修时人员进出电站机房，柴油发电机房与控制室之间，设置一道防毒通道，防毒通道换气次数不小于 40 次/h，电站控制室内超压值不小于 30Pa。因此电站防毒通道要采用实现超压排风的技术措施。

5.2　柴油发电站余热量的计算

柴油发电机运转过程中，机组和排烟管向机房内散发大量的热量，柴油机房的余热量主要由柴油机、发电机和排烟管道的散热量构成，其他设备、人员、照明设备的散热量以及围护结构的传热量因数量不大，可忽略不计。

5.2.1　柴油机的散热量

柴油机散热量按式（5-2）计算：

$$Q_1=0.278N_eBq\eta_1 \tag{5-2}$$

式中　Q_1——柴油机散热量，kW；

N_e——柴油机额定功率，kW；

B——柴油机的耗油率，$kg/(kW \cdot h)$，一般为 $0.20\sim0.24$，可查产品样本；

q——柴油的热值，可取 $q=40186kJ/kg$；

η_1——柴油机散至室内的热量百分比，一般取 $4\%\sim6\%$，见表 5-3。

柴油机工作时的散热量系数 η_1 的值　　　　　表 5-3

N_e		$\eta_1(\%)$
(kW)	(Hp)	
<37	<50	6
37~74	50~100	5~5.5
74~220	100~300	4~4.5
>220	>300	3.5~4

5.2.2 发电机散热量

发电机散热量按式（5-3）计算：

$$Q_2 = P\left(\frac{1}{\eta_2} - 1\right) \tag{5-3}$$

式中　Q_2——发电机散热量，kW；

　　　P——发电机的额定功率，kW；

　　　η_2——发电机的效率，%，通常为80%~94%，具体根据产品样本取值。

部分国产柴油发电机组的散热量计算值可按表 5-4 选用。

部分国产柴油机、发电机散热量表　　　　　表 5-4

柴油机			发电机	
N_e		Q_1	P	Q_2
(kW)	(Hp)	(kW)	(kW)	(kW)
7.4	10	1.465	5	1.135
16.7	20	2.651	12	2.118
33	45	6.279	24	3.586
44	60	7.674	30	4.091
59	80	8.953	40	5.198
74	100	11.192	50	5.866
88.2	120	10.988	75	7.873
99	135	13.068	84	9.333
136	185	15.940	120	13.333
184	250	22.892	160	17.778
220	300	27.471	200	19.780
330	450	36.000	300	21.888
550	750	61.047	400	19.727

　　柴油机组输出功率的修正：当柴油机工作地点的大气压不是标准大气压或相对湿度大、温度高时，其输出功率会发生变化，需对其输出功率进行修正，其修正系数 β 可查表 5-5。柴油机组修正后的发热量为：$Q = (Q_1 + Q_2)\beta$。

海拔高度对柴油发电机效率及发热量的修正 表 5-5

大气压力 (mmHg)	海拔高度 (m)	β		
		25℃	30℃	35℃
760	0	0.968	0.948	0.922
751	100	0.953	0.933	0.909
742	200	0.938	0.918	0.896
733	300	0.923	0.903	0.881
725	400	0.908	0.888	0.866
716	500	0.898	0.878	0.854
706	600	0.888	0.868	0.842
699	700	0.873	0.853	0.829
691	800	0.858	0.838	0.816
682	900	0.848	0.828	0.864
674	1000	0.838	0.818	0.792
654	1250	0.808	0.788	0.762
634	1500	0.778	0.758	0.732
615	1750	0.748	0.728	0.704
596	2000	0.718	0.698	0.676
561	2500	0.658	0.638	0.622
526	3000	0.608	0.592	0.572
493	3500			0.522

5.2.3 排烟管在机房内散热量

柴油机的烟气由柴油机气缸直接排到工程外，排烟温度一般在 400～600℃ 之间，机房内的排烟管宜架空或地沟敷设并保温，保温层表面温度不应超过 60℃。

（1）单位长度保温排烟管的散热量见式（5-4）。

$$q_c = \frac{t_r - t_n}{\frac{1}{2\pi\lambda}\ln\frac{D}{d} + \frac{1}{D\pi\alpha}}$$ (5-4)

式中 q_c——保温排烟管单位长度散热量，W/m；

D——排烟管道保温层外径，m；

d——排烟管道外径，m；

λ——保温材料的导热系数，W/(m·℃)；

α——保温层外表面向周围空气的放热系数，W/(m²·℃)；一般 $\alpha = 11.63$ W/(m²·℃)；

t_r——排烟管壁面温度，℃，一般取 300～400℃；

t_n——管道周围空气温度，℃，一般取 35～40℃。

（2）排烟管在机房内的散热量见式（5-5）。

$$Q_3 = q_c \cdot l / 1000$$ (5-5)

式中 Q_3——排烟管散热量，kW；

l——保温排烟管在机房内敷设长度，m。

柴油机工作时，柴油燃烧产生高温以及运动部件的相互摩擦都散发大量热量。为使柴油机气缸等部件保持正常的工作温度，汽缸冷却系统必须带走受热部件产生的热量。

柴油机汽缸冷却排热量 Q_4 很大，一般是（Q_1+Q_2）的 3～5 倍左右，这部分热量应采取有效的方法进行控制和排除。

电站机房余热量按式（5-6）计算。

$$Q_u=Q_1+Q_2+Q_3 \qquad (5\text{-}6)$$

式中　Q_u——电站机房总余热量，kW；

　　　Q_1——柴油机散热量，kW；

　　　Q_2——发电机散热量，kW；

　　　Q_3——排烟管散热量，kW。

气缸冷却散热量 Q_4 是否计入总余热量，要根据 Q_4 排放的具体情况而定，如 Q_4 排至机房空气中则计入 Q_u，否则不计入。电站内人员、照明灯具等的发热量与机房向周围土壤散热量都不大，可相互抵消，一般忽略不计。

5.3　柴油电站机房通风降温系统

柴油电站的通风方案与发电机房的冷却方式有很大关系，带走柴油电站机房内余热的方法有多种，常用的有风冷、水冷、风冷与蒸发冷却相结合等三种冷却方式。不论哪种冷却方式，在冬季和过渡季都应充分利用工程外的低温空气为电站机房降温。

5.3.1　风冷降温系统通风方案设计

风冷降温是利用室外温度较低的进风带走电站机房内的余热量。这种降温方式适用于室外空气温度较低的地区，因电站工作温度较高，这种降温方式在我国各地普遍适用。风冷的优点是不用水，系统简单、操作维护方便。但由于工作时进风量大，消波系统要选用相适应的防爆波活门。风冷降温电站的平面布置原理见图 5-1。

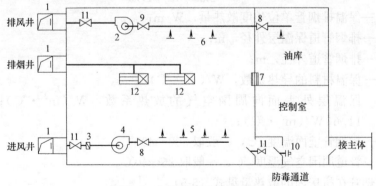

图 5-1　电站风冷通风原理图

1—悬板活门；2—排风机；3—油网滤尘器；4—进风机；5—送风口；6—排风口；7—防火风口；
8—防火调节阀（70℃）；9—防火调节阀（280℃）；10—自动排气活门；11—密闭阀门；12—柴油发电机

1. 电站进风量计算

（1）按消除余热计算电站进风量，见式（5-7）：

$$L_j = \frac{3600Q_u}{C_p \rho (t_n - t_w)} \tag{5-7}$$

式中　L_j——电站进风量，m^3/h；

　　　　Q_u——电站的余热量，kW；

　　　　t_n——电站机房内的空气温度，℃；

　　　　t_w——工程外夏季通风计算温度，℃；

　　　　C_p——空气的定压比热容，$kJ/(kg \cdot ℃)$，取 1.01$kJ/(kg \cdot ℃)$；

　　　　ρ——空气的密度，kg/m^3。

（2）如果机头采用闭式风冷循环冷却，散热器风扇排出的热风 L_c 从专用风道或导风管排出工程外时，如图 5-2 所示。根据风量平衡原理，电站进风量按式（5-8）计算：

$$L_j' = \max\{(L_c + L_Y + L_K), L_j\} \tag{5-8}$$

式中　L_j——按式（5-7）计算出的进风量，m^3/h；

　　　　L_c——通过柴油机空气-水散热器的排风量，m^3/h；

　　　　L_Y——柴油机燃烧空气量，m^3/h；

　　　　L_K——油库排风量，m^3/h，按 $K \geqslant 5$ 次/h 换气计算。

2. 排风量 L_p 的计算

根据风量平衡，电站机房排风量见式（5-9）：

$$L_p = 1.1(L_j - L_Y) \tag{5-9}$$

式中　L_p——电站机房排风量，m^3/h；

　　　　L_j——电站进风量，m^3/h，按式（5-8）计算；

　　　　L_Y——柴油机燃烧空气量，m^3/h。

因柴油发电站是产生有害气体的房间，机房内应呈微负压，实际排风量应比进风量稍大。

3. 电站油库排风

油库空气中的油蒸气达到一定浓度后，易产生火灾或爆炸，需要定时排风，排风支管可并入电站的总排风管，排风换气次数不小于 5 次/h，进排风管上应设 70℃防火阀，如采用侧墙进风，进风口应设防火风口（70℃动作）。

图 5-2 为风冷降温电站的通风平面布置图。

5.3.2　水冷降温系统通风方案设计

利用电站水库的冷水通过表面式冷却器或湿式冷却器进行电站降温冷却的方式，称为水冷降温。这种冷却方式通常用于水源充足且水温较低的地区，或有其他可供利用水源的情况。

水冷降温的优点：主体工程处在隔绝式防护时，电站机房内染毒程度较轻（此时电站进风机和排风机关闭，柴油机从工程外自吸燃烧空气）；正常使用时进风量、排风量

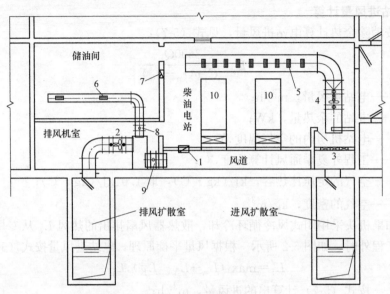

图 5-2　风冷降温电站通风平面布置图

1—风量调节阀；2—排风机；3—油网滤尘器；4—进风机；5—送风口；6—排风口；

7—防火风口；8—防火调节阀（70℃）；9—防火调节阀（280℃）；10—柴油发电机

都较小，进、排风系统的设备及消波设备较小。缺点是用水量大，受到水温、水源等条件的限制；利用外水源时，当水源遭到破坏，这种冷却方式无法维持；另外系统操作、调试较复杂。电站水冷降温通风原理图见 5-3。

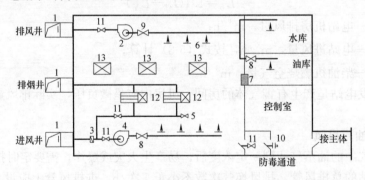

图 5-3　电站水冷降温原理图

1—悬板活门；2—排风机；3—油网滤尘器；4—进风机；5—送风口；6—排风口；

7—防火风口；8—防火调节阀（70℃）；9—防火调节阀（280℃）；10—自动排气活门；

11—密闭阀门；12—柴油发电机；13—表面式冷却器

当电站的余热是靠水带走（水冷）时，电站的进风量是按排除有害气体和供给柴油机燃烧所需的通风量确定。

电站中有害气体散发量与柴油机型号、功率大小和排烟管的敷设方式及施工质量有关，因而不易精确计算，进风量的计算一般采用经验估算方法。一般按 $20\sim27\mathrm{m}^3/\mathrm{kWh}$ 计算进风量。

1. 水冷降温电站进风量

进风量用式（5-10）计算：

$$L_j = Pq + L_Y \tag{5-10}$$

式中　L_j——水冷降温电站进风量，m^3/h；

　　　q——进风量标准，$m^3/(kW \cdot h)$，可取 $20\sim27m^3/(kW \cdot h)$；

　　　P——柴油机的功率，kW；

　　　L_Y——柴油机燃烧空气量，m^3/h。

2. 水冷降温电站排风量

排风量用式（5-11）计算：

$$L_p = 1.1(L_j - L_Y) \tag{5-11}$$

柴油电站是产生有害气体的房间，要求微负压排风，所以电站的实际排风量应稍大于进风量，故乘 $1.05\sim1.1$ 的系数。

3. 柴油电站机房水冷降温的主要技术措施

（1）利用表面式冷却器进行降温

利用表面式冷却器的优点是使用灵活，配置方便，冷却水的初温要求不高于 $20℃$。常用的表面式冷却器有 S 型冷暖风机、LZT 型冷暖风机组、风机盘管等。

（2）利用湿式冷却器进行电站降温

利用淋水室冷却的优点是加工方便，消耗钢材少，成本低，便于维护，降温效果好，空气和水直接接触还可溶解机房空气中的部分一氧化碳。缺点是占地面积大。常用的淋水室为立式冷却器、非金属空调器和玻璃钢冷却塔等。喷水初温不应超过 $24℃$。利用立式冷却器降温的通风系统原理见图5-4。

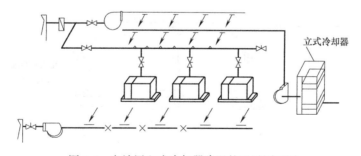

图5-4　电站用立式冷却器降温的通风原理图

5.3.3　风冷和蒸发冷却通风方案设计

风冷和蒸发冷却相结合的冷却方式是在风冷的基础上，利用少量冷却水蒸发，从而达到给空气降温冷却的目的。它与风冷比较，进风量小。与水冷比较，用水量较少，比较经济，使用起来较灵活，可以根据一年四季室外空气温度的变化启动不同的冷却措施。如冬季工程内外温差较大时，电站冷却可以采用全风冷，夏季温差变小，风冷不能满足冷却要求时，可同时启动蒸发冷却，这种方式很适用于缺水的地区。

蒸发冷却是一个等焓加湿降温过程，蒸发冷却一般采用直接喷雾加湿。直接喷雾可采用电动喷雾器、加湿器等，使用时注意在柴油机组停机前提前停止喷雾，以保持机房的正常湿度。风冷和蒸发冷却相结合的通风系统原理图见图5-5。

当采用风冷和蒸发冷却相结合时，电站进风量可用式（5-12）或式（5-13）计算：

$$L=\frac{Q_u}{C_p\rho(t_n-t_w)+[2487\rho(d_n-d_w)/1000]}\times3600 \qquad (5-12)$$

式中　L——进风量，m^3/h；

t_n——电站机房空气设计温度，℃；

t_w——工程所在地夏季通风计算温度，℃；

d_n——电站机房内空气设计含湿量，g/kg 干空气；

d_w——工程所在地夏季通风计算含湿量（根据当地夏季通风计算温度、湿度确定），g/kg 干空气；

2487——水的汽化潜热，kJ/kg。

$$L=\frac{Q_u}{\rho(i_N-i_w)}\times3600 \qquad (5-13)$$

式中　L_j——进风量，m^3/h；

i_N——机房内空气设计焓值，kJ/kg 干空气；

i_w——工程所在地夏季通风计算焓值（根据当地夏季通风计算温度、湿度确定），kJ/kg 干空气。

直接喷雾加湿量按式（5-14）计算：

$$W=\frac{\rho L(d_n-d_w)}{1000} \qquad (5-14)$$

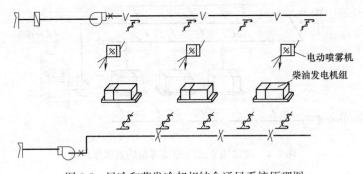

图5-5　风冷和蒸发冷却相结合通风系统原理图

5.4　柴油电站排烟

柴油电站排烟系统的任务是：将柴油在汽缸内燃烧所产生的高温废气从机组内排至工程外。由于柴油机烟气温度高（400~600℃）、速度大（出口速度20~30m/s），所以给排烟系统的设备提出了关于保温、消声、消烟降温等方面的要求。

5.4.1 排烟系统设计要求

（1）柴油机排烟口与排烟管应采用柔性连接，一般采用钢制波纹管。当连接两台或两台以上机组时，排烟支管上宜设置单向阀门；

（2）排烟管的室内部分，应作隔热处理，其表面温度不应超过60℃；

（3）排烟管出口处应设置消声装置（见图5-6）；

（4）当电站机房设置多台柴油机时，各机组的排烟管应合并成一根排烟管，经消波系统引至工程外部，组成排烟系统；

（5）排烟管路应尽量顺直，减少弯头等附件，有条件时宜用斜井或竖井排烟；

（6）排烟系统总阻力不应大于2500Pa，排烟速度一般取10～15m/s；

（7）排烟管引出工程外部时，宜进行隐蔽伪装，防止向工程内部倒烟，并考虑防冲击波、防雨水和消烟降温等问题；

（8）排烟管应选用耐热、防腐和具有一定强度的管材。

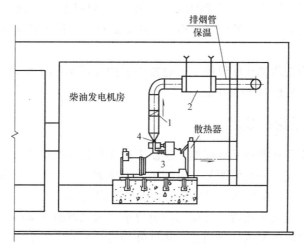

图5-6 柴油机排烟布置图

1—单向阀；2—柴油机消声器；3—柴油发电机；4—波纹管

柴油机排烟管通常有架空敷设和地沟敷设两种方式。

（1）架空敷设又分为水平架空和垂直架空方式。这种敷设方式的优点是：排烟管转弯少，管道短，阻力小，有利于柴油机运行。

（2）地沟敷设的优点是：机房空间布置整齐，室内散热量小，缺点是管道长且转弯多，使排烟阻力增大，且不便于检修。

为了便于安装维护和检修，排烟管尽可能采用架空敷设；排烟管应有不小于0.5％的坡度，在排烟管最低点设置放水阀，以便排除管内积水和烟油。

排烟支管与排烟干管连接时可采用斜接（交角45°）异径或等径三通以减少阻力。排烟管敷设时尽量减少弯头、尽量沿最短的路径敷设。排烟管连接通常采用焊接，防止漏烟。排烟管敷设前内外应除锈，并用高温防锈漆做防腐处理。

5.4.2　排烟管的保温

柴油机运行时，排烟管将散发出大量的热量，使机房内空气温度升高，这对机组的运行和人员操作都不利，也给电站降温系统增加了负担。为此，对排烟管道必须作保温处理。排烟管常用保温材料性能见表5-6。

排烟管常用保温材料性能表　　　　　　表 5-6

保温材料	$\rho(kg/m^3)$	$\lambda[W/(m\cdot℃)]$	安全使用温度(℃)	保温层厚度(mm)
水泥珍珠岩管壳	250～400	0.058～0.087	600	80～125
微孔硅酸钙	200～250	0.059～0.060	600	80～120
矿棉	105～220	≤0.052	600	80～120
石棉灰	245	0.112	800	100～170
岩棉	80～200	0.047～0.058	<700	80～120

保温时应加工成管壳状，呈半圆或1/4圆形，然后用16号铁丝将其绑扎至排烟管上。要求每块管壳不少于两处绑扎，然后再用保温材料将缝隙填实抹平，保温层外应有防潮层和保护层。

保温层厚度应按防烫伤保温确定，通常外表面温度取60℃，环境温度按35～40℃计算确定，厚度一般取80～150mm。

5.4.3　电站排烟伪装技术

柴油电站排烟存在明显暴露征候，这使工程安全受到严重威胁。主要表现为：

一是排烟可见光暴露征候明显。电站运行时排烟呈黑、蓝、灰或白色，排烟口附近经常弥漫大面积烟雾，而且烟雾对口部值守人员或附近居民的工作和生活影响很大，部分地区因排烟口附近居民投诉，环保部门也要求必须采取措施消烟。

二是排烟口热红外暴露征候明显。热红外伪装一般要求排烟口和周围环境的辐射温差不超过4℃，而柴油发电机排烟初始温度可达500～600℃，经过地下烟道后排到地面时温度虽然有所降低，但比周围环境温度高出远不止4℃。

排烟口被发现将使人防工程暴露，被摧毁将使柴油电站无法发电，这对信息化战争时代人防工程的打击是致命的。因此，通信指挥类人防工程必须采取措施消除电站排烟暴露征候。

柴油电站排烟伪装技术按是否降低烟气温度可分为冷却式和非冷却式两类。

1. 冷却式伪装技术

冷却式伪装技术的特点是烟气处理时要降低烟气温度，其代表性设备是消烟降温机组。该机组的烟气处理分"消烟"和"降温"两个技术环节。

电站排烟烟气中，存在大量的颗粒物，从排烟口排出工程后，烟雾弥散在工程周围空气中，为防止排烟烟气的可见光暴露征候，通常采用除尘的方法，净化消除烟气颗粒物。同时，排烟温度过高会使工程排烟口部壁面温度与环境温度差异较大，造成工程口部的红外暴露，通常采取对烟气降温处理的措施。将烟气的颗粒物消除与降温一体化处理的机组称为消烟降温机组，目前已经投入工程应用并取得了较好的效果。

消烟降温机组由冷却降温段和静电除烟段组成，结构如图 5-7 所示。冷却降温段采用水冷却管壳式换热器，用于降低烟气排放温度。静电除烟段采用蜂窝状圆孔针状结构静电场，用于清除柴油机烟气烟雾。

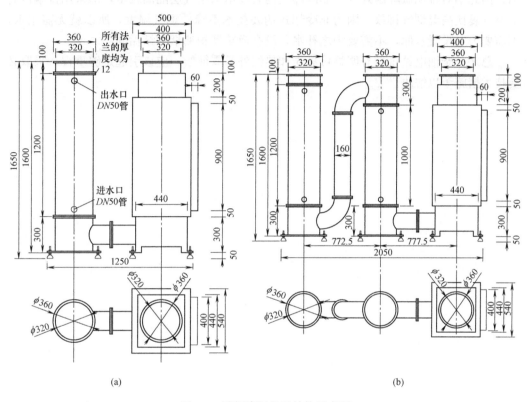

图 5-7　消烟降温机组结构示意图

(a) JX-Ⅰ型机组（250kW 柴油机）；(b) JX-Ⅲ型机组（400kW 柴油机）

消烟降温机组具有背压小、耗能低、使用维护方便、不影响柴油发电机组的运行工况等特点，可广泛运用于有除烟降温要求的柴油电站。消烟降温机组与原排烟管道并联，采用高温蝶阀切换，如图 5-8 所示。

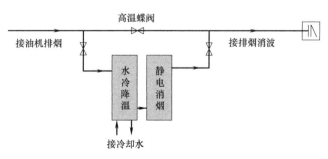

图 5-8　消烟降温机组与排烟管连接示意图

2. 非冷却式伪装技术

非冷却式伪装技术的特点是烟气处理时不降低烟气温度。其主要原理是：经过消烟处理的电站排烟对热红外成像设备是透明的，如果高温烟气不加热排烟口周围固体壁面，就不会产生红外辐射暴露征候，即用热红外成像设备看不到经过消烟处理的高温排烟，因此不对排烟做降温处理。非冷却式伪装技术采用气层隔离技术，即采用排烟口周围空气裹挟高温烟气排放。因为非冷却式伪装技术不降低烟气温度，所以就无需用水，不需要为之设置水库，不需要为之补水，没有换热器积油烟和结垢问题。

总之，柴油电站排烟有明显可见光和热红外暴露征候，应该引起足够重视，采取必要技术措施予以解决。

第6章 防空地下室防火排烟

6.1 火灾烟气扩散规律及危害

6.1.1 火灾特点

防空地下室起火的原因是多种多样的，有因为使用明火引起的，有因为化学或生物化学的作用造成的，有因用电引起的。因使用明火不慎而引起火灾的次数在生产和生活中比较常见。例如：在地下车间内，不顾周围环境随意动火焊接，烘烤物品过热，熬油溢锅等；在地下公共场所（如影剧场、会议室、阅览室、游艺场等）内乱扔烟头、火柴梗，使火种混进废纸堆等，都会引发火灾。

除明火外，暗火引起火灾的情况也不少。其中有的是有火源的，如厨房炉灶或供暖锅炉的烟囱表面过热烤着靠近的木结构；也有没有火源的，如大量堆积在库房里的油布雨衣，因为通风不好，雨衣内部发热，以致积热不散发生自燃；把化学性质相互抵触的物品混在一起，发生化学反应起火或爆炸；地下油库中，出现可燃气体及易燃、可燃液体跑、冒、滴、漏现象，遇高温便燃烧或爆炸；地下车间或电站中的机械设备摩擦发热，使接触到的可燃物引燃起火等都属暗火引起的火灾。

用电引起火灾的原因，主要是用电设备超负荷、线路老化、导线接头接触不良、电阻过大发热，使导线的绝缘物或沉积在电气设备上的粉尘自燃；短路的电弧能使充油的设备爆炸；保险丝和开关的火花能使易燃、可燃液体蒸气与空气的混合物爆炸；易燃液体、可燃气体在管道内流动较快，产生静电，由于管线接地不良，在管道出口处出现放电火花，使被输送的液体或气体烧着，发生爆炸。

1. 起火必须具备以下三个条件

（1）存在可燃物；

（2）存在助燃剂，如氧气或其他氧化剂；

（3）存在火源或热源；

上述三个条件同时出现并相互接触就会起火。

2. 起火特性

一般固体燃烧是在受热的条件下，由内部分解出可燃气体，该气体遇到明火便开始与空气中的氧激烈化合发出光和热，即所谓物质的发焰燃烧或着火。固体用明火点燃能发火燃烧时的最低温度，就是该物质的燃点。

有些固体在常温下能自行分解，或在空气中氧化导致迅速自燃或爆炸，如硝化棉、赛璐珞、黄磷等；有的在常温下受到水或空气中水蒸气的作用，产生可燃气体，并引起燃烧或爆炸，如金属钾、钠、电石、氢化钠等；有的受到撞击或与氧化剂、有机物接触能引起燃烧或爆炸，如赤磷、五硫化磷等；还有的遇酸、受热、受撞击以及遇有机物或硫黄等易燃的无机物，极易引起燃烧或爆炸的强氧化剂，如氯酸钾、氯酸钠、过氧化钾、过氧化钠等。上述这些固体都属易燃、易爆的化学危险物品。

液体在常温下有的快速挥发，有的则比较缓慢。因液体靠蒸气燃烧，所以挥发快的比挥发慢的要危险。在低温条件下，易燃、可燃液体蒸气与空气混合达到一定的浓度，遇到明火点燃即发生蓝色一闪即灭，不再继续燃烧的现象称之为闪燃。出现闪燃的最低温度叫闪点。闪燃出现的时间不长，因为此时液体蒸发的速度还供不上燃烧的需要，所以很快便把仅有的蒸气烧光。但是，如果温度继续升高，挥发的速度加快，这时再遇明火便有爆炸的危险了。所以，闪点是易燃、可燃液体即将起火的前兆，这对防火具有重要意义。

可燃气体、易燃、可燃液体蒸气、粉尘与空气混合，达到一定浓度，遇到明火便会发生爆炸。遇明火发生爆炸的最低浓度，叫爆炸下限；遇火源能发生爆炸的最高浓度，称为爆炸上限。浓度在下限以下时，可燃气体、易燃、可燃液体蒸气、粉尘的数量很少，不足以发生燃烧；浓度在上限和下限之间即浓度比较合适时遇明火就要爆炸；超过上限则因氧气不足，不会燃烧爆炸。

3. 防空地下室火灾的特点

（1）由于防空地下室空间封闭、结构厚，所以着火后烟气大，温度高。

（2）防空地下室火灾后人员疏散困难。防空地下室不像地面建筑有窗户，人无法从窗户疏散，只能从安全出口疏散。由于工程内全部采用人工照明，光线不如地面工程；另有烟气遮挡，使人视线模糊，烟气中的 CO 等有毒气体，将直接威胁人身安全。

（3）防空地下室火灾扑救困难。由于防空地下室位于地下，发生火灾时存在指挥决策困难、通信指挥困难、进入火场困难，以及灭火设备和灭火场地受限等困难，因此防空地下室火灾比地面建筑火灾在扑救上要困难得多。

6.1.2　燃烧过程分析

1. 火势蔓延途径

火势是通过热的传播蔓延的。在起火房间内，火主要是靠直接延烧和热量的辐射进行扩大蔓延。火从起火房间转移到其他房间的过程，主要是靠可燃构件的直接延烧、热传导、热辐射和热对流传播的。

热传导，即物体一端受热，通过物体分子的热运动，把热传到另一端。例如，水暖工在吊顶下面用喷灯烘烤由吊顶内穿出来的暖气管道，在没有采取安全措施的条件下，经常会使吊顶上的保温材料自燃起火，这就是钢管热传导的结果。

热辐射，即热由热源以辐射的形式直接发射到周围物体上。如在烧得很旺的火炉旁边能把湿衣服烤干，如果靠得太近，还可能把衣服烧着。在火场上，它能把距离较近的可燃物质烤着燃烧，这就是热辐射的作用。

热对流，是炽热的燃烧产物（烟气）与冷空气之间相互流动的现象。因为烟带有大量的热，并以火舌的形式向外伸展出去。热烟流动是因为热烟的比重小，像油浮在水面上一样，向上升腾，与四周的冷空气形成对流。起火时，烟从起火房间经内门流向走廊，蹿到其他房间。火场上火势发展的规律表明，浓烟流蹿的方向，往往就是火势蔓延的途径。特别是混有未完全燃烧的可燃气体或可燃液体蒸气的浓烟，蹿到离起火点很远的地方，重新遇到火源，便瞬时爆燃，使防空地下室全面起火燃烧。由此可见，热对流对火势蔓延至关重要。

研究火势蔓延途径，是在防空地下室中采取防火隔断、设置防火分隔物和正确划分防火分区的根据，也是扑灭火灾的需要。

通过以上分析可以看出，在防空地下室中，从起火房间向外蔓延的途径主要有以下几个方面：

（1）内墙门

在起火房间内，当门离起火点较远时，燃烧以热辐射的形式使木板的受热表面温度升高，直到起火自燃，最后把门烧穿，烟从门蹿到通道（或走廊），再通过相邻房间开敞的门进入邻间，把室内物品烧着。但如果相邻房间的门关得很严，在通道内没有可燃物的条件下，光靠火舌是不会轻易烧穿相邻房间的门而进入室内的。因此，木板门是房间阻火的薄弱环节，是火蹿到其他房间的重要途径之一。

（2）间隔墙

当隔墙为木板时，火很容易穿过木板缝隙蹿到墙的另一面。另外，当墙为厚度很小的非燃烧体时，靠隔墙旁堆放的易燃物体，可能因墙的导热和辐射而自燃起火。

（3）通道、通风管道

工程内的走廊、通道和通风管道在起火条件下能加速火势蔓延，扩大燃烧面积。

可燃物着火最初限于着火物周围的环境，然后蔓延到工程内家具、内装修以至整个房间，根据火源不同，其时间长短有很大差别，如烟头掉在床上形成的火灾就长达几小时；明火烧着被褥所需时间几乎等于零。然后是成长阶段（蔓延阶段），火灾蔓延到家具、内装修，温度急剧上升，这种现象叫爆燃。这是由于热分解从材料中产生可燃性气体（CO 等），气体达到一定的临界浓度就燃烧。由于热量的积蓄，燃烧传播速度加快，室温在短时间内急剧上升。温度可高达 $800\sim900℃$，空气体积膨胀到 $3\sim4$ 倍。约为房间容积 $2\sim3$ 倍的烟气，会从开口部位迅速喷射出来，通过房间进入走廊，火势有向建筑内部扩大蔓延的危险。这时的烟气是未完全燃烧的气体，它妨碍视力，并使人呼吸困难。如内装修材料是可燃的，这段时间约 $3\sim4\mathrm{min}$，在工程内的人员，生命将受到严重的威胁。之后，工程内火焰成漩涡状，约 $0.5\sim1\mathrm{h}$ 内，房间上下几乎无温差。当大部分可燃物已燃完，温度便较快地下降。

2. 烟气的产生

物质燃烧所生成的气体、水蒸气及固体微粒等称为燃烧产物。其中能被人所看到的部分叫烟。但实际上不可见气体也与之混在一起，通常把燃烧产物中可见和不可见部分的混合物统称为烟气,其粒径为几微米至几十微米。

在低温阴燃阶段,某些材料受热析出水蒸气,此时烟气呈灰白色,随着材料水分的减少和碳粒析出的增多,烟逐渐变为黑色。此时的燃烧对全室而言是局部的,空气得到充分供给,烟气较少。

在火势成长阶段,燃烧面逐渐扩大,室温也不断上升,如果氧气供应受到限制,不完全燃烧可见产物和一氧化碳就会增加,形成较多的浓黑毒烟。例如,防空地下室中的贮藏室、库房和地下建筑等房间,由于可燃物多且通风差,着火后将产生大量的烟气。现代防空地下室中,塑料大量使用在家具、生活用品、建筑装修、管道保温等方面,一旦发生火灾,会产生大量的烟气,随着温度的升高,发烟速度比普通的木质材料要大得多,木质材料在加热到350℃以上,发烟速度就迅速减小;而塑料类物质却相反,发烟量迅速增加。在火灾成长期的后期,房间内由于可燃物质的热分解、可燃性混合气体增多,当达到一定浓度后被火焰点燃而爆炸,将引起工程内可燃物质的全面燃烧。这时,工程内含氧量急剧下降到5%以下,一氧化碳高达3%以上,室温到达800~900℃,大量不完全燃烧产物形成浓黑的烟雾,冲破门窗向工程外蔓延,即出现爆燃。随即跃上最盛期,此时烟气的危害性最大。

防空地下室中,火灾旺盛阶段中的发烟最主要受空气供给条件的影响,到旺盛后期和衰减期,可燃物大多已烧掉,烟气逐渐减少。

6.1.3 烟气流动规律

防空地下室防排烟设计的目的是防止火灾烟气对工程内人员产生危害,保证人员疏散,因此,需在建筑物的适当地点设置防火门及防排烟装置,为此必须掌握烟气的流动特性。

防空地下室发生火灾时,由于可燃物质的不断燃烧,产生大量的烟和热形成炽热烟气流。由于高温的烟气和周围常温的空气重力密度不同,产生浮力使烟气在工程内处于流动状态。在相同温度下烟气的重力密度比空气重约30%,烟气中含有凝结的液滴沉降或吸附在墙壁或顶棚上,从烟气中分离出来。故烟气重力密度接近于空气的重力密度。

烟气受热后的体积膨胀用式(6-1)计算:

$$V_s = V_0[1 + \alpha(t_s - t_0)] \tag{6-1}$$

式中 V_s、V_0——温度为 t_s,t_0 时烟气的体积,m^3;

t_s,t_0—— 烟气膨胀前后的温度,℃;

α——烟气体积膨胀系数,$\alpha = 1/273$。

当燃烧达到爆燃点时,气温高达800℃,烟气体积增大近4倍。发热量大,烟气温度高,容重小,在空气中产生的浮力也大,上升速度快。烟气流动还与周围温度、流动的阻碍、通风和空调系统气流的干扰、建筑物自身的烟囱效应等有关。

烟气的流动速度,一般水平流速为:

火灾初期:阴燃阶段 0.1m/s   (自然扩散)

起火阶段 0.3m/s   (对流扩散)

火灾中期：旺盛阶段 0.5～0.8m/s　　　（对流扩散）

沿楼梯等垂直部分流速为：3～4m/s。

烟气流动是因烟气受热而引起的，烟气流动的有关部位是：上下和左右房间、楼梯和走廊等。

烟气在走廊或细长通道中流动时，顶棚附近流动的烟气有逐步下降的现象。这是由于烟气接触顶棚和墙面被冷却后逐渐失去浮力所致。失去浮力的烟气首先沿周壁开始下降，最后在走廊断面的中部留下一个圆形的空间，见图 6-1。

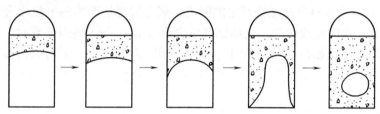

图 6-1　烟气在走廊流动中的下降

6.1.4　烟气的危害

1. 燃烧产物

燃烧产物的成分取决于可燃物的化学组成和燃烧条件。大部分可燃物质属于有机化合物，在不完全燃烧时，不仅会生成 CO_2、水蒸气、SO_2 等完全燃烧产物，还会生成 CO、醇类、酮类、醛类、醚类及烟灰、烟渣等不完全燃烧产物，有继续燃烧或与空气形成爆炸性混合物的危险。

此外，还可能产生少量剧毒气体，例如氯化氢、碳酰氯（光气）、氰化氢（HCN）、氨（NH_3）、硫化氢和氮氧化物等。其量极微，尚不易产生致命的危害。各种材料在燃烧时所产生的毒气种类见表 6-1。

各种材料燃烧产生的毒气种类　　　　表 6-1

材料名称	产生的主要毒气
木材	二氧化碳、一氧化碳
棉花、人造纤维	二氧化碳、一氧化碳
环氧树脂	丙酮、二氧化碳、一氧化碳
聚四氟乙烯	二氧化碳、一氧化碳
聚苯乙烯	苯、甲苯
聚氯乙烯	氢氯化物、二氧化碳、一氧化碳
耐纶（尼龙）	乙醛、氨、二氧化碳、一氧化碳
酚树脂	氨、氢化物、一氧化碳
三聚氰胺酚醛树脂	氨、氢化物、一氧化碳

2. 烟气的危害性

火灾中对人身危害最大的是烟气。由于塑料制品以及空调设备的广泛使用，烟气致死的比例显著增加。从国外无数次建筑火灾的统计表明，死亡人数中有50％左右因烟气中毒或窒息死亡，而被烧死的人员中，多数也先是中毒窒息晕倒后被烧死的。

（1）对人体的危害

① 一氧化碳：一氧化碳和血液中的血红蛋白结合成为一氧化碳血红蛋白，阻碍血液把氧输送到人体各部中去。当一氧化碳和血液中50％以上的血红蛋白结合时，将造成脑和中枢神经严重缺氧而发生头痛无力及呕吐等症状。

② 烟：建筑中木材制品燃烧产生的醛类、聚乙烯燃烧产生的氢氯化合物均为刺激性很强的气体，有时是致命的。例如烟气中含有 $5.5mL/m^3$ 的丙烯醛时，便会对上呼吸道产生刺激症状；如在 $10mL/m^3$ 以上时，能引起肺部变化，数分钟内致人死亡。其容许浓度为 $0.1mL/m^3$。烟气中有甲醛、乙醛、氢氯化氰等毒气时，对人体也是极为有害的。

③ 缺氧：在着火区域的空气中充满了一氧化碳、二氧化碳及其他有毒气体，加之燃烧需要大量的氧气，这就造成空气中的含氧量大大降低。发生爆炸时甚至可降到5％以下，人体在严重缺氧情况下将会死亡。防空地下室中大多数房间的气密性均较好，在可燃物燃烧时，更易引起工程内大量缺氧而危及人的生命。

④ 窒息：火灾时人员可能因吸入高温烟气而使口腔及喉头肿胀，以致引起呼吸道阻塞而窒息。或者因吸入刺激性气体过多时而引起喉头痉挛窒息。

（2）对疏散的危害

着火区域的房间或疏散通道内，如果充满了含有一氧化碳及各种有毒气体的烟气，这将对人员的疏散产生极大的困难。烟气对眼睛、鼻和喉部产生强烈刺激，使人们视力下降且呼吸困难；烟气还使能见度大大降低，从而严重影响人员的及时疏散。事实证明，若人的视野降至3m以内，逃离火灾现场就很困难。

由此可见，烟气对安全疏散有着非常不利的影响，烟气的危害性证明，在防空地下室中必须进行周密可靠的防火及防排烟设计。

6.2　防火分区与防烟分区

6.2.1　防火分区

防火分区是在建筑内部采用防火墙、防火楼板及其他防火分隔设施分隔而成，能在一定时间内防止火灾向同一建筑的其余部分蔓延的局部空间。其目的是有效地把火势控制在一定的范围内，减少火灾损失，同时可以为人员安全疏散、灭火、扑救提供有利条件。

按照防止火灾向防火分区以外扩大蔓延的方向，防火分区可分为两类：一类为垂直防火分区，用以防止多层或高层建筑物的层与层之间竖向发生火灾蔓延；另一类为水平防火分区，用以防止火灾在水平方向扩大蔓延。

竖向防火分区是指用耐火性能较好的楼板及窗间墙（含窗下墙），在建筑物的垂直方向对每个楼层进行的防火分隔。水平防火分区是指用防火墙或防火门、防火卷帘等防火分隔物将各楼层在水平方向分隔出的防火区域。

人防工程防火分区划分的规定：

（1）防火分区的划分宜与防护单元相结合；与柴油发电机房或锅炉房配套的水泵间、风机房、储油间等，应与柴油发电机房或锅炉房一起划分为一个防火分区。

（2）除规范另有规定之外，每个防火分区的面积不应大于 $500m^2$；如果防火分区内设有自动灭火设备，则防火分区面积可增加一倍；局部设置时，增加的面积可按该局部面积的一倍计算。

（3）商业营业厅、展览厅等，当设置火灾自动报警系统和自动灭火系统，且采用 A级装修材料装修时，防火分区允许最大建筑面积不应大于 $2000m^2$。

（4）电影院、礼堂的观众厅，防火分区允许最大建筑面积不应大于 $1000m^2$。当设置有火灾自动报警系统和自动灭火系统时，其允许最大建筑面积也不得增加。

（5）当人防工程地面建有建筑物，且与地下一、二层有中庭相通或地下一、二层有中庭相通时，防火分区面积应按上下多层相连通的面积叠加计算。

（6）自走式地下汽车库防火分区的最大允许建筑面积为 $2000m^2$，当汽车库内设有自动灭火系统时，其防火分区的最大面积可增加一倍，即 $4000m^2$。复式停车库最大面积相应减少 35%。

6.2.2　防火分隔物

防火分隔物的类型有：防火墙、防火门、防火卷帘、舞台防火幕及水幕等。

1. 防火墙

防火墙是阻止火势蔓延的重要设施。根据防火要求，防火墙应直接设置在基础上或耐火极限不低于 3h 的承重构件上；防火墙上不宜开设门、窗、洞口，当需要开设时，应设置能自行关闭的甲级防火门、窗。

2. 防火门、窗和防火卷帘

防火门、窗和防火卷帘是指在一定时间内能满足耐火稳定性、完整性和隔热性要求的门、窗和防火卷帘。它是设在防火分区间、疏散楼梯间、垂直竖井等具有一定耐火性能的防火分隔物。

防火门除具有普通门的作用外，更具有阻止火势蔓延和烟气扩散的作用，可在一定时间内阻止火势的蔓延，确保人员疏散。

根据耐火性能，防火门可分为"隔热防火门"、"部分隔热防火门"和"非隔热防火门"。防火窗可分为"隔热防火窗"和"非隔热防火窗"。

防火门应为向疏散方向开启的平开门，并在关闭后能从任何一侧手动开启。用于疏散走道、楼梯间和前室的防火门，应采用常闭的防火门。常开的防火门，当发生火灾时，应具有自行关闭和信号反馈的功能。当防空地下室中设置防火墙或防火门有困难时，可采用防火卷帘代替，其防火卷帘应符合防火墙耐火极限的判定。

消防控制室、消防水泵房、排烟机房、灭火剂储瓶室、变配电房、通信机房、通风和空调机房、可燃物存放量平均值超过 $30kg/m^2$ 火灾荷载密度的房间等，墙上应设置常闭的甲级防火门，即耐火完整性和耐火隔热性均≥1.5h。

建筑材料受到火烧以后，有的要随火燃烧，如纸板、木材；有的只觉火热，是不起火焰的微燃，如含砂石较多的沥青混凝土；有的只见碳化成灰不见起火，如毛毡和防火处理过的针织品；也有不起火、不微燃、不碳化的砖、石、钢筋混凝土等。按照燃烧性能可将建筑材料分为三类：

（1）非燃烧材料

指在空气中受到火烧或高温作用时，不起火、不微燃、不碳化的材料，如金属材料和无机矿物材料。

（2）难燃烧材料

指在空气中受到火烧或高温作用时，难起火、难微燃、难碳化，当火源移走后，燃烧或微燃立即停止的材料，如刨花板和经过防火处理的有机材料。

（3）燃烧材料

指在空气中受到火烧或高温作用下，立即起火或燃烧，且火源移走后仍能继续燃烧或微燃的材料，如木材等。

建筑材料在火灾条件下，除了燃烧以外，有的还要随着火灾温度的升高而降低本身的强度。金属材料虽不燃烧，但在温度升高到某一范围，或者说到达了某一极限温度值时，强度便大幅度下降。为提高金属结构的耐火性，就必须设法推迟构件到达极限温度的时间，主要方法是在构件表面粘贴隔热的保护层。

6.2.3 防烟分区

采用机械排烟方式时，为了控制烟气蔓延范围，提高排烟效率，在建筑平面上进行区域划分，对有火灾危险的房间和用作疏散通路的走廊等加以防烟隔断，以控制烟气的流动和蔓延。这样划分的区域称之为防烟分区。

防烟分区是为有利于建筑物内人员安全疏散和有组织排烟，防烟分区内不能防止火灾的扩大，它仅能有效地控制火灾产生的烟气流动。

人防工程防烟分区的划分规定：

（1）每个防烟分区的建筑面积不宜大于$500m^2$。但当从室内地坪至顶棚或顶板的高度在6m以上的，可不受此限，即不划分防烟分区。

（2）防烟分区的划分不能跨越防火分区。

需要排烟设施的走道、净高不大于6m的房间，防烟分区之间一般用防烟隔墙、防烟垂壁或从顶棚突出不小于0.5m的梁分隔。地下汽车库一般用梁把防烟分区隔开。

防烟墙是利用非燃材料构成的分隔墙，防烟垂壁是指防烟盖帘、固定或活动的挡板，一般从顶棚向下突出不小于0.5m，用非燃材料制作。防烟垂壁是用来隔挡因浮力积聚在顶棚下面的烟气，在其尚未扩散时，即予以排除，是提高排烟效果的辅助性措施。如图6-2所示，如果烟气厚度超过垂壁高度时，就会越过垂壁扩散；如果烟气厚度较垂壁高度小、但烟

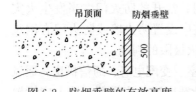

图6-2 防烟垂壁的有效高度

气的流动能克服浮力时，也会越过垂壁而扩散。

6.3　防排烟设计

建筑防排烟分为防烟和排烟两种形式。防烟的目的是将烟气封闭在一定区域内，以确保疏散线路畅通，无烟气侵入。排烟的目的是将火灾时产生的烟气及时排除，防止烟气向防烟分区以外扩散，以确保疏散通路和疏散所需时间。为达到防排烟的目的，必须在建筑物中设置周密、可靠的防排烟系统和设施。

6.3.1　防排烟方式的选择

在防排烟设计时，通风空调专业设计人员应根据防空地下室的建筑布局、规模、性质、等级和用途等因素，合理地选择防排烟的设计方式。

排烟系统是采用自然排烟或机械排烟的方式，将房间、走道等空间的火灾烟气排至建筑外的系统，分为自然排烟系统和机械排烟系统。

防烟系统是通过自然通风方式，防止火灾烟气在楼梯间、前室、避难层（间）等空间内积聚，或通过采用机械加压送风方式阻止火灾烟气侵入楼梯间、前室、避难层（间）等空间的系统，防烟系统分为自然通风系统和机械加压送风系统。

通常有如下几种方式可供选择：

1. 密闭防烟

火灾时用密闭性很高的墙和门将火灾房间封闭起来，它能控制烟气的流出和新鲜空气的流入。对火灾发生房间实行密闭是防烟的基本方式。

2. 自然排烟、自然通风防烟

自然通风可以实现自然排烟和防烟。自然排烟方式是利用火灾产生的热气流的浮力或室外风的吸力，从房间顶部或侧墙上部的窗或排烟口，将烟气排至工程外，如图 6-3 所示。它的优点是不需要电源和复杂装置，并可兼做日常通风用，又能避免防火设备的闲置等。该方式适用于有采光窗的防空地下室。但是当开口部位在上风向时，不仅降低了排烟效果，有时还会适得其反，招致烟气流向其他房间。

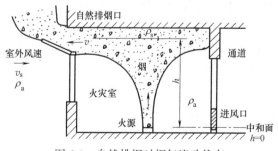

图 6-3　自然排烟时烟气流动状态

火灾时发生的上升气流使烟气在顶棚下面形成水平流，此时烟气流具有的动压等于浮力，见式（6-2）：

$$\frac{\rho_s}{2}v_s^2 = g(\rho_a - \rho_s)h \tag{6-2}$$

式中　v_s——烟气流出速度，m/s；

　　　ρ_a，ρ_s——室外空气和烟气的密度，kg/m^3；

　　　h——空气层和烟气层的高度差，m。

展开式（6-2），得到式（6-3）：

$$v_s = \sqrt{2gh\left(\frac{\rho_a}{\rho_s}-1\right)} \tag{6-3}$$

具备自然排烟条件的场所宜采用自然排烟，对于中庭、剧场舞台，自然排烟口面积不应小于建筑面积的5%，其他场所不应小于建筑面积的2%，自然排烟口底部距室内地面不应小于2m，距最远点不应大于30m，并应常开或发生火灾时能自动开启。

采用自然通风方式的封闭楼梯间、防烟楼梯间，应在最高部位设置面积不小于$1.0m^2$的可开启外窗或开口，当建筑高度大于10m时，尚应在楼梯间的外墙上每5层内设置总面积不小于$2.0m^2$的可开启外窗或开口，且布置间隔不大于3层。前室采用自然通风方式时，独立前室、消防电梯前室可开启外窗或开口面积不小于$2.0m^2$，共用前室、合用前室可开启外窗或开口面积不小于$3.0m^2$。采用自然通风方式的避难层（间）应设有不同朝向的可开启外窗，其有效面积不应小于该避难层（间）地面面积的2%，且每个朝向不应小于$2.0m^2$。

3. 机械排烟

机械排烟是把建筑物分为若干防烟分区，在防烟分区内设置排烟口，将火灾产生的烟气排至工程外。排烟口平时关闭，火灾时则根据系统设置的手动或自动开启装置开启排烟口进行排烟，并与排烟风机连锁。排烟房间自然补风，当自然补风不易实现时，在对火灾房间进行机械排烟的同时，要对排烟房间进行机械送风。这时必须注意的问题是送风量要少于排烟量，使火灾房间保持负压，防止从火灾房间向外漏烟。

这种防排烟方式从技术上来说是一种较好的方式，它可以很好的控制烟气流动，但由于通风和排烟都靠复杂的机械装置，因此，一定要注意系统的控制和风量的控制。设计时，应使排烟口、排烟风机、送风口和送风机运行相协调，最好相互进行连锁。

4. 机械加压送风防烟

这种防排烟方式是向防烟楼梯间及其前室或合用前室、避难走道的前室加压送风，以形成一个压力差，阻止烟气从火灾区域侵入这些疏散通道，以保证工程内人员疏散逃生。

6.3.2　加压送风防烟风量计算

由于防空地下室火灾时人员疏散困难，为保证人员的疏散和逃生，在人员疏散的关键部位设加压送风，保持这些部位的空气压力值为相对正压，阻止烟气的侵入，这对提高火灾人员生存率有重大意义，实践证明机械加压送风是最有效的防烟方法之一。

机械加压送风防烟方式具有以下几个突出的特点：

（1）防烟楼梯间及其前室或合用前室、避难走道的前室保持一定正压，避免了烟气侵入这些区间，为火灾时的人员疏散和消防队员的扑救提供了安全地带；

（2）在采用这种防烟方式时，走道等地点布置有排烟设施，就会产生有利的气流分布形式，气流由正压前室流向着火防火分区，一方面减缓了火灾的蔓延扩大（无正压时，烟气一般从着火间流入楼梯间、电梯间等竖向通道），另一方面人流的疏散方向与烟气流动方向相反，减少了烟气对人的危害。

1. 设置机械加压送风防烟设施的部位

（1）防烟楼梯间及其前室或合用前室（见图6-4）。

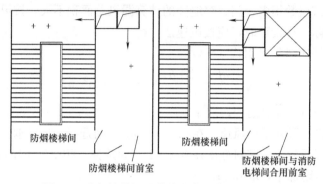

图6-4　防烟楼梯间及其前室合用前室机械送风

（2）避难走道的前室（见图6-5）。

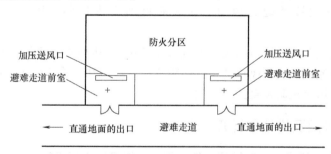

图6-5　避难走道的前室机械送风

避难走道的前室、防烟楼梯间及其前室或合用前室的机械加压送风系统宜分别独立设置。当需要共用系统时，应在支风管上设置压差自动调节装置。避难走道的前室、防烟楼梯间及其前室或合用前室的排风应设置余压阀。

2. 机械加压送风的余压要求

机械加压送风系统最不利环路阻力损失外的余压值是加压送风系统设计中的一个重要技术指标。该数值是指在加压部位相通的门窗关闭时，足以阻止着火层的烟气在热压、风压、浮力、膨胀力等联合作用下进入加压部位，而同时又不致过高造成人们推不开通向疏散通道的门。

对于设置机械加压送风防烟的系统，防烟楼梯间送风余压值应为 40～50Pa，前室或合用前室送风余压值应为 25～30Pa，避难走道前室的送风余压值应为 25～30Pa。

3. 机械加压送风量

（1）机械加压送风量的规定

当防烟楼梯间与前室或合用前室分别送风时，防烟楼梯间的送风量不应小于 $16000m^3/h$，前室或合用前室的送风量不应小于 $13000m^3/h$。当前室或合用前室不直接送风时，防烟楼梯间的送风量不小于 $25000m^3/h$，并应在防烟楼梯间和前室或合用前室的墙上设置余压阀。当门的尺寸不是 $1.5m×2.1m$ 时，应按比例进行修正。

（2）机械加压送风量的计算

机械加压送风量的确定通常用"压差法"或"风速法"进行计算，并取大者。由于防空地下室的建筑层数不多，门、窗缝隙的计算漏风总面积不大，按风压法计算出的送风量较小，故实际工程设计时，应按风速法进行。

用风速法计算送风量采用式（6-4）：

$$L_V = \frac{nFV(1+b)}{a} × 3600 \quad (m^3/h) \tag{6-4}$$

式中　F——每个门的开启面积，m^2；

　　　V——开启门洞处平均风速，在 $0.6\sim1.0m/s$ 间选择，通常取 $0.7\sim0.8m/s$；

　　　a——背压系数，按密封程度在 $0.6\sim1.0$ 间选择，防空地下室取 $0.9\sim1.0$；

　　　b——漏风附加率，取 0.1；

　　　n——同时开启的门数，防空地下室按最少门数（即一进一出）$n=2$ 计算。

避难走道前室机械加压送风量应按前室入口门洞风速 $0.7\sim1.2m/s$ 计算确定。避难走道的前室宜设置条缝送风口，并应靠近前室入口门，且宽度应大于门洞宽度 $0.1m$。

机械加压送风系统送风口的风速不宜大于 $7m/s$。机械加压送风机可采用普通离心式、轴流式或斜流式风机。风机的全压值除应计算最不利环管路的压头损失外，其余压值应符合机械加压送风防烟系统的规定。

6.3.3 机械排烟及排烟量计算

1. 下列场合如不具备自然排烟条件，则应设置机械排烟设施

（1）总建筑面积大于 $200\ m^2$ 的防空地下室；

（2）建筑面积大于 $50m^2$，且经常有人停留或可燃物较多的房间；

（3）丙、丁类生产车间；

（4）长度大于 $20m$ 的疏散走道；

（5）歌舞娱乐放映游艺场所；

（6）中庭；

（7）面积不超过 $1000m^2$ 的地下汽车库。

2. 机械排烟量的确定

（1）担负一个或两个防烟分区的排烟时，应按该部分总面积每平方米不小于 $60m^3/h$ 计算；

（2）担负三个或三个以上防烟分区的排烟时，应按其中最大防烟分区面积每平方米不小于120m³/h计算；

（3）单台排烟风机的排烟量不应小于7200m³/h；

（4）中庭体积小于或等于17000m³时，排烟量应按其体积的6次/h换气计算；中庭体积大于17000m³时，其排烟量应按其体积的4次/h换气计算，但最小排烟量不应小于102000m³/h；

（5）地下汽车库、修车库内每个防烟分区排烟风机的排烟量不应小于表6-2的规定，建筑空间净高位于表中两个高度之间的，按线性插值取值。

汽车库、修车库内每个防烟分区排烟风机的排烟量　　　表6-2

汽车库、修车库的净高（m）	汽车库、修车库内每个防烟分区排烟风机的排烟量（m³/h）
3.0 及 以下	30000
4.0	31500
5.0	33000
6.0	34500
7.0	36000
8.0	37500
9.0	39000
9.0 以上	40500

人防工程机械排烟量计算原理见图6-6。

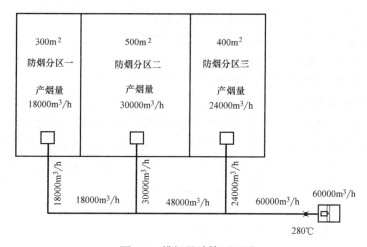

图6-6　排烟量计算原理图

如果个别房间排烟面积特别大，与其他房间排烟量相差特别悬殊，如果合并设置，会造成风管和风机都比较庞大，宜对此房间单独设置排烟系统。若因特殊情况难以避免面积大小悬殊的防烟分区，设计时应合理布置系统和组织气流，使排烟风管和风口的速度均满足规范的要求。

3. 排烟补风

排烟区应有补风措施，并应符合下列要求：

（1）当补风通路的空气阻力不大于50Pa时，可自然补风。

（2）当补风通路的空气阻力大于50Pa时，应设置火灾时可转换成补风的机械送风系统或单独的机械补风系统，补风量不应小于排烟风量的50%，以便系统组织气流，使烟气尽快并畅通地被排除。

为确保补风质量，避免排出的烟气再次被吸入，补风室外进风口与室外排烟口的水平距离宜大于15m，并宜低于排烟口；当补风室外进风口与室外排烟口垂直布置时，宜低于排烟口3m。当室内补风口与室内排烟口设置在同一防烟分区时，补风口应设在储烟仓下沿以下；室内补风口与室内排烟口水平距离不应少于5m。

补风系统应与排烟系统联运开启或关闭。

机械补风口的风速不宜大于10m/s，人员密集场所补风口的风速不宜大于5m/s，自然补风口的风速不宜大于3m/s。

6.3.4　排烟设备及选择

1. 防火阀的设置

通风、空调风管是火灾蔓延的渠道，防火墙、楼板、防火卷帘、水幕等防火分区分隔处是阻止火灾蔓延和划分防火分区的重要分隔设施，为了确保防火分隔的作用，风管穿过防火分区处要设置防火阀以防止火势蔓延。因而通风空调系统的风管，在下列部位应设置公称动作温度为70℃的防火阀：

（1）穿过防火分区处；

（2）穿过设置有防火门的房间隔墙和楼板处；

（3）竖向风管与每层水平风管交接处的水平管段上；

（4）穿越防火分隔处的变形缝两侧；

（5）穿重要或火灾危险大的场所的房间隔墙和楼板处。

垂直风管是火灾蔓延的主要途径，对多层工程，要求每层水平干管与垂直总管交接处的水平管段上设置防火阀，目的是防止火灾向相邻层扩大。穿越防火分区，该处又是变形缝时，两侧设置防火阀是为了确保当变形缝处管道损坏时，不会影响两侧管道的密闭性。

通风管道内的防火阀，应在起火时能自动关闭。一般用易熔环或其他感温设备自动控制，在起火时防火阀应立即顺气流方向关闭。在设计时，要考虑防火阀不受管道变形的影响，把防火阀的易熔合金环装在容易感温的部位，其动作温度应为70℃。正压送风管道上应设置温度70℃时的防火阀；厨房排油烟管道上应设置公称动作温度为150℃的防火阀。

排烟管道上应设置烟气温度公称动作温度280℃的排烟防火阀，在下列部位应设置排烟防火阀：

（1）垂直风管与每层水平风管交接处的水平管段上；

（2）一个排烟系统负担多个防烟分区的排烟支管上；

（3）排烟风机入口处；

（4）穿过防火分区处。

排烟防火阀按其功能可分为：常开型防火阀、常闭型防火阀。

（1）常开型防火阀

常开型防火阀平时使风管成为通路，当气流温度达到防火阀熔断器设定温度时，熔断关闭，使风管断路，以避免高温烟气沿风管扩散。设置于穿越防火分区或其他重要位置的风管处。

当常开型防火阀设置于通风与排烟合用的管道上时，熔断器设定温度为 280℃。

（2）常闭型防火阀

常闭型防火阀平时使风管断路，当火警时电动或手动打开，使风管通路，由排烟风机排除室内烟气。设置于排烟风机前，通常称为排烟防火阀。常闭型防火阀配有 280℃熔断器，以确保当烟气温度大于 280℃，排烟系统因火势过大已不能正常运行或已完成排烟、人员疏散任务的情况下，烟气不沿风管进一步扩散。

防火阀可以配置其他一些部件以满足更多的功能：防火阀设置调节机构，即为防火调节阀，平时阀门叶片可在 0～90°内调节；防火阀设置电动执行机构，即为电动防火阀，可根据要求，远程切断或打开阀门；防火阀可根据要求，设置电信号输出模块，当阀门动作时，输出信号值消防控制室，或直接联动风机等其他设备。

防火阀应设置单独的支、吊架防止管段变形。当防火阀暗装时，应在防火阀安装部位的吊顶或隔墙上设置检修口，检修口不宜小于 0.45m×0.45m。

2. 排烟风机

排烟风机可采用普通离心式风机或排烟混流风机，必须用不燃材料制作，在烟气温度 280℃时能连续工作 30min；排烟风机可单独设置或与排风机合并设置；当合并设置时，宜采用变速风机；排烟风机的余压应按排烟系统最不利环路进行计算，排烟量宜比计算排烟量增加 10%。

排烟风机的安装位置，宜处于排烟区的同层或上层。排烟管道宜顺气流方向向上或水平敷设。

排烟风机应与排烟口联动，当任何一个排烟口、排烟阀开启或排风口转为排烟口时，系统应转为排烟工作状态，排烟风机应自动转换为排烟工况；当烟气温度大于 280℃时，排烟风机应随设置于风机入口处排烟防火阀的关闭而自动关闭。

机械排烟系统宜单独设置或与工程排风系统合并设置。当合并设置时，必须采取在火灾发生时能将排风系统自动转换为排烟系统的措施。

3. 排烟管道

机械加压送风防烟管道、排烟管道、排烟口和排烟阀等必须采用不燃材料制作。排烟管道与可燃物的距离不应小于 0.15m，或采取隔热措施，以避免管壁高温引燃可燃物。机械加压送风防烟、排烟管道内的风速，当采用金属风道管时，不宜大于 20m/s；当采用非金属风管时，不宜大于 15m/s。当金属风道为钢制风道时，钢板厚度不应小于 1.0mm。排烟管道宜顺气流方向向上或水平敷设。

4. 排烟口

每个防烟分区内必须设置排烟口，排烟口应设置在顶棚或墙面的上部。排烟口宜设置于该防烟分区的居中位置，并应与疏散出口的水平距离在 2m 以上，且与该分区内最远点的水平距离不应大于 30m。排烟口可单独设置，也可与排风口合并设置；排烟口的开闭状态和控制应符合下列要求：

（1）单独设置的排烟口，平时应处于关闭状态，其控制方式可采用自动或手动开启方式；手动开启装置的位置应便于操作；

（2）排烟口和排烟阀应与排烟风机连锁，当任一个排烟口或排烟阀开启时，排烟风机即可启动。当一个排烟口开启时，同一排烟分区内的其他排烟口也能连锁开启。排烟口上应设有风量调节装置，以便使各排烟口之间保持风量、风压的平衡。

（3）排风口和排烟口合并设置时，应在排风口或排风口所在支管上设置自动阀门，该阀门必须具有防火功能，并与火灾自动报警系统联动；火灾时，着火防烟分区内的阀门仍应处于开启状态，其他防烟分区的阀门应全部关闭。排烟口的风速不宜大于10m/s。

5. 其他

通风、空气调节系统的风机及风管应采用不燃材料制作，接触腐蚀性气体的风管及柔性接头可采用难燃材料制作。通风、空气调节系统的管道宜按防火分区设置，当条件受限时，除应相应设置防火阀外，穿过防火分区前、后2.0m范围内的钢板通风管道，其厚度不应小于2mm，避免因风管耐火极限不够而变形导致烟气蔓延到其他防火分区。

风管和设备的保温材料应采用不燃材料；消声、过滤材料及胶粘剂应采用不燃材料或难燃材料。

当通风系统中设置电加热器时，通风机应与电加热器连锁；电加热器前、后0.8m范围内，不应设置消声器、过滤器等设备。

第7章　防空地下室自然通风

自然通风是指依靠工程内外空气温度差所产生的热压和地面上自然风力作用产生的风压，使空气有组织地进入和排出工程，达到通风换气的目的。作为一种通风方式，自然通风已在我国的人防工程中得到广泛应用，并取得了一定的经验。

由于自然通风受自然条件的限制，风量及气流方向不稳定，因而通风的可靠性较低。但是自然通风不用人力、电力，与机械通风相比，不受断电的影响、节约运行开支、无噪声污染、无机械磨损、维护管理方便。因此，自然通风在防空地下室的平时使用和管理中受到了人们的重视。

7.1　风及相关参数

7.1.1　风的形成及其各参数

1. 风的形成

众所周知，地球表面吸收太阳辐射热的能力是不同的。例如两极与赤道之间、大陆与海洋之间、空气高层与低层之间，不同地形之间的温度差很大。由于空气温度不同，因而密度也不同，这样，各地区就形成了不同的空气压力（冷空气较热空气的密度大，气压高）。在连续性的大气中，各地之间的气压差是造成空气流动的直接原因。空气从气压高的一边被推向气压低的一边，便使空气流动起来（就像水从高处流向低处一样）。空气的流动，就形成了自然界的"风"。

2. 风的参数

风是由风速和风向两个量来表示的。

（1）风速

空气在单位时间内所流动的距离，称为风速，单位为 m/s。各时的风速是选正点前十分钟至正点时间内的平均风速为该正点的风速。每日各时的风速值加起来，除以 24 即为日均风速，月平均风速为该月各日风速的总和除以该月的天数。年平均风速，为各月平均风速的总和除以 12。

（2）风向

风吹来的方向称之为风向。共分十六个方位，以英文字母表示，NE（东北）、SW（西南）等，如图7-1所示。所谓NNW（北西北）是指北和西北之间的风向，也可读作西北偏北。实际观测是记录正点前10min至正点时间内的最多风向，即为该正点的风向。如果有两个方向的记录线一样多，则选两个风向。当风速小于0.3m/s时，风速记"0"；风向记"C"，称作"静风"。

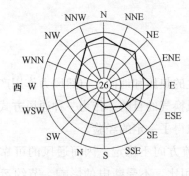

图7-1 十六方位风向图

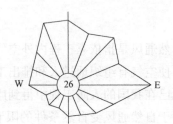

图7-2 风向玫瑰图

（3）风向频率

在一定时间内某风向出现的次数，占所有观测总次数的百分比，称为风向频率。例如年某风向的频率：

$$某风向频率=\frac{某风向该年出现总次数}{全年实测总次数}\times100\%$$

对一年而言，我们将风向频率最高的风向，称之为年主导风向；对夏季或冬季，则分别称之为夏季或冬季主导风向。

7.1.2 风玫瑰图的绘制和应用

在气象资料或通风设计图上，常看到风玫瑰图。它比较直观地表示出各方向的风向频率和风速大小。风玫瑰图，可分为风向和风速玫瑰图。根据工程设计中的实际需要我们只讲风向玫瑰图。

风向玫瑰图是将风向分为16个方位，根据各方向风出现的频率，以一定的比例长度标在极坐标上。并将相邻各点用直线连接起来，即形成一个闭合折线，这个闭合折线，就叫做风向玫瑰图，见图7-2。根据不同要求，风向玫瑰图可分为月、季、年等三种。从防空地下室自然通风的要求来看，一般多采用年和季风向玫瑰图。各地气象台站都整理和统计了累年各月的风向频率和风速资料。

例如，杭州市1951—1970年20年的累年各月各风向频率资料，见表7-1。

在通风设计图上表示的风玫瑰图，只在极坐标上画出闭合折线，不明显地画出同心圆。在玫瑰图上要标出主要方位。在说明中，还要注明夏季和冬季主导风向及其必要注示。风向频率玫瑰图也可以用其他形式表示。

杭州市 1951—1970 年各月风向频率资料   表 7-1

项目	风向	一	二	三	四	五	六	七	八	九	十	十一	十二	各月平均值
累年各月各风向频率(%)	N	10	10	8	5	5	4	2	4	8	9	10	9	7
	NNE	7	8	7	6	5	4	2	5	9	7	7	7	6
	NE	6	8	9	6	5	4	4	8	6	6	6	6	7
	ENE	4	5	7	7	7	6	4	6	6	4	3	3	5
	E	5	8	10	11	11	11	8	10	7	7	5	5	8
	ESE	3	5	7	8	7	7	6	7	4	4	4	3	5
	SE	2	3	4	4	5	5	7	6	2	2	3	2	4
	SSE	2	2	3	4	4	5	7	5	1	1	2	2	3
	S	2	2	2	2	4	6	7	4	1	1	1	2	3
	SSW	1	2	2	2	2	4	7	2	1	1	1	1	2
	SW	2	2	2	2	3	4	6	3	1	2	2	2	2
	WSW	2	2	2	1	2	2	3	2	2	2	2	2	2
	W	5	3	3	3	3	3	3	4	5	6	5	6	4
	WNW	5	4	3	2	2	2	2	4	5	7	6	5	4
	NW	9	5	4	4	3	3	2	4	6	8	8	8	5
	NNW	11	10	6	6	5	3	2	5	7	8	10	11	7
	C	26	23	22	25	26	29	26	27	26	27	27	26	26

7.2 自然通风压差计算

7.2.1 热压的计算

1. 由热压 P_r 形成的自然通风

由热压形成自然通风的气流方向，随着季节变化而改变。

冬季工程外气温低，空气密度 ρ 较大，工程内气温高，空气密度较小。在图 7-3 中，当打开工程防护门（密闭门）时，密度小的热空气上升，从高口流出工程；密度大的冷空气，从低口进入补充，同时又被岩石加热变轻上升，从高口流出。如此不断地补充、加热、上升、排出，循环不止，形成了冬季由热压产生的自然通风，其气流方向：低口进、高口出。

夏季工程外气温高，空气密度小；工程内气温低，空气密度大。密度大的空气从工程低口流出，密度小的空气从高口进入补充，同时又被工程的围护结构冷却下降后从低口流出。如此不断地补充、冷却、下降，从低口流出工程，循环不止，于是形成了夏季由热压产生的自然通风，其气流方向是：高口进，低口出。

由此看来，夏季和冬季由热压形成自然通风的气流方向是截然相反的。这种现象与工程内的余热量有关。对于无热源工程，其室内空气温度年波动曲线中，$t_\mathrm{n} < t_\mathrm{w}$ 的时间将近半年，所以由热压形成自然通风的气流方向：高口进，低口出的时间也将近半年。有热源工程室内空气温度年波动曲线将向上抬升，$t_\mathrm{n} < t_\mathrm{w}$ 的时间将缩短。

2. 热压的计算

热压的形成应具备两个条件：一是工程内外空气的温度差，由此产生密度差；二是高低风口中心线间的高度差，其计算公式为式（7-1）。

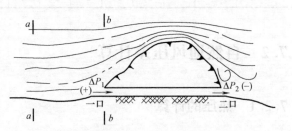

$$P_\mathrm{r} = h(\rho_\mathrm{w} - \rho_\mathrm{n})g \qquad (7\text{-}1)$$

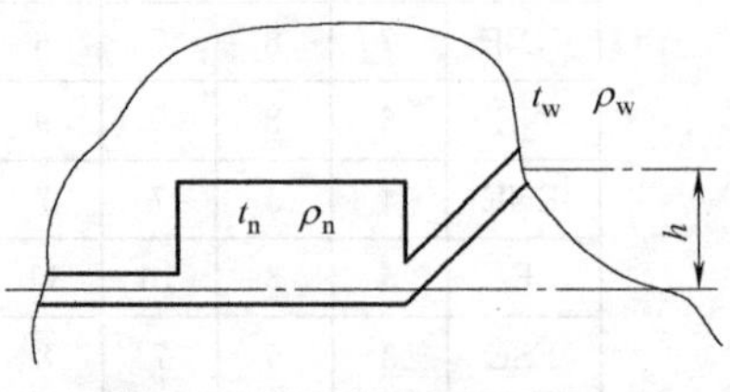

图 7-3 热压的计算

式中 P_r——热压，Pa；

  h——高低口高差，m；

  ρ_n，ρ_w——工程内、外空气密度，$\rho = \dfrac{B}{R \cdot T} \mathrm{kg/m^3}$；

  B——工程所在地的大气压力，Pa；

  R——干空气的气体常数，287J/(kg·K)；

  T——空气的绝对温度，K；$T = 273 + t$。

  h——高低口高差，m。

7.2.2 风压的计算

当风吹过建筑物或工程的孔口时，气流受到山体和工程孔口的阻挡，运动的气流将降低流速和改变流向，如图7-4所示。气流中部分动压转变成静压，所以迎风面 $b\text{-}b$ 静压将上升。若取未受扰动的 $a\text{-}a$ 断面气流相对静压为"0"，则迎风面相对静压大于零 $\Delta P_1 > 0$，故为正值（+）；背风面由于流线脱离山体表面，称为附面层分离，造成背风口处相对静压小于零 $\Delta P_2 < 0$，故为负值（-）。

图 7-4 气流受到山体阻挡时的流线

用下式可以分别求得：

$$\Delta P_1 = K_1 \frac{\rho v^2}{2}$$

$$\Delta P_2 = K_2 \frac{\rho v^2}{2}$$

如果一口和二口之间的风压差用 P_f 表示，则有式（7-2）：

$$P_\mathrm{f} = (K_1 - K_2)\frac{\rho v^2}{2} \qquad (7\text{-}2)$$

式中 P_f——风压差，Pa；

  K_1，K_2——两风口处的风压转换系数，一般取迎风面 $K_1 = 0.7$、背风面 $K_2 = -0.3$；

v——自然通风季节，当地气象台离地 10m 高度处，最不利月的月平均风速，如全年自然通风时，应取 6 月的月平均风速，m/s；

ρ——最不利月平均温度下的空气密度，如全年自然通风，应取 6 月份月平均气温对应的空气密度，kg/m³。

7.2.3 自然压差的计算

自然通风的动力由热压（P_r）和风压（P_f）两部分组成，对于一个特定的工程，热压和风压的作用方向可能一致，即压力叠加，$P = P_r + P_f$，可以增强自然通风效果；作用方向也可能相反，即压力抵减，会削弱通风效果。如何合理利用自然通风，使热压 P_r 和风压 P_f 的作用方向一致。它是自然通风设计及研究的重要课题。要保持一致，必须熟悉由热压形成自然通风的气流方向随季节变化的规律和工程所在地风向常年变化的规律，并配合合理的建筑设计及其他技术性措施才能实现。

7.3 自然通风阻力及风量计算

自然压差 P，是推动空气在工程中流动的动力。这个动力不是固定不变的，而是随着室内外温差和室外风速以及风向的变化而变化的。它等于自然气流在工程中流动所遇到的阻力 ΔH。计算的目的，就在于保证自然压差 P 在一年中绝大部分时间内都能克服该阻力 ΔH，使工程中有足够的通风量。

7.3.1 自然通风的阻力计算

自然气流在工程中所遇到的阻力有两部分：一是摩擦阻力；二是局部阻力，见式（7-3）。

$$\Delta H = \Delta H_m + \Delta H_z \quad (\text{Pa}) \tag{7-3}$$

自然通风系统阻力计算的方法与机械通风相同。

1. 摩擦阻力

自然通风摩擦阻力计算见式（7-4）。

$$\Delta H_m = RL \quad (\text{Pa}) \tag{7-4}$$

式中　R——单位长度摩阻（比摩阻），Pa/m；

　　　L——风道长度，m。

在自然通风系统中，摩擦阻力较小，一般占总阻力的 10% 以下。

2. 局部阻力

局部阻力在自然通风系统的总阻力中，一般要占 90% 以上，所以，减少系统阻力，主要应从局部阻力方面考虑。尤其是风井、风口的局部阻力应引起设计人员的足够重视。

根据上述分析，为了简化计算，将摩擦阻力项用系数（$\mu = 1.1$）代入式（7-3）得：

$$\Delta H = \mu \cdot \Delta H_z = \mu \sum_{i=1}^{m} Z_i = 1.1 \sum_{i=1}^{m} Z_i \tag{7-5}$$

7.3.2 风井断面尺寸及两风井间高差的计算

防空地下室自然通风阻力计算的目的，是为了确定风井的断面尺寸、风口尺寸或两风井间的高差 h，以便满足工程对自然通风量的要求。是自然通风设计中的一个重要环节。

1. 已知两风井间高差 h，计算风井断面尺寸

某人防工程自然通风见图 7-5，水平出入口为低口，只计算高风井断面和风口尺寸。

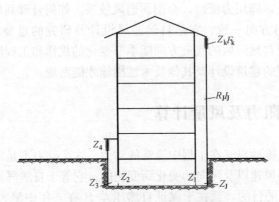

图 7-5 人防工程自然通风例图

已知自然通风量；对于这样一个具体工程，除高风井断面尺寸待求外，工程其余各断面尺寸均为定值。所以 $Z_1 \cdots\cdots Z_4$ 和 R_1 可求。Z_k、Z_{j1} 和 $R_j I_j$ 未知，根据式（7-5）并将未知部分提出，可得式（7-6）：

$$\Delta H = \mu \sum_{i=1}^{n} Z_i + \mu \sum_{j=1}^{m} Z_j \tag{7-6}$$

其中，风井的阻力见式（7-7）：

$$\sum_{j=1}^{m} Z_j = \sum_{j=1}^{m} \zeta_j \frac{V_j^2 \rho}{2} \tag{7-7}$$

式中　ζ_j——风井局部阻力系数。

在设计中，当风口形式和风口有效面积比确定之后，ζ_k 可以从局部阻力系数表中查得：ζ_j 按 90°直角弯头（等截面和不等截面）暂取 1.04。

此时，式中等号的右端，只有 V_j 未知，将此式代入式（7-6），则得式（7-8）：

$$\Delta H = \mu \left(\sum_{i=1}^{n} Z_i + \sum_{j=1}^{m} \zeta_j \frac{V_j^2 \rho}{2} \right) \tag{7-8}$$

工程所在位置确定以后，自然压差 P 可求。根据 $P = \Delta H$ 得下式，并可求出式中的未知数 V_j，见式（7-9）：

$$\frac{P}{\mu} = \sum_{i=1}^{n} Z_i + \sum_{j=1}^{m} \zeta_j \frac{V_j^2 \rho}{2}$$

$$V_j = \sqrt{\frac{\left(\dfrac{P}{\mu} - \sum\limits_{i=1}^{n} Z_i\right)^2}{\rho \cdot \sum\limits_{j=1}^{m} \zeta_j}} \qquad (7\text{-}9)$$

求出 V_j，根据式（7-10）可得 F_j：

$$F_j = \frac{L}{2600 V_j} \qquad (7\text{-}10)$$

式中　L——自然通风量，m^3/h；

　　　V_j——高风井内风速，m/s；

　　　F_j——高风井断面尺寸，m^2。

2. 已知通风量和风井的断面尺寸，求风井所需高差 h

这类工程由于通风量和风口断面尺寸已定，所以风井内气流速度 V_j 可求。如果自然通风量一定，则 ΔH 可由式（7-8）求出。

又根据式（7-3），即：$\Delta H = P$，$\Delta H = Pr + P_f$

$$\Delta H = h(\rho_n - \rho_m)g + (K_1\alpha_1\beta_1 - K_2\alpha_2\beta_2)\frac{V^2\rho}{2} \quad (\text{Pa}) \qquad (7\text{-}11)$$

因此，据式（7-11），可求出风井高差 h。

7.4　自然通风与建筑设计

建筑设计与自然通风的关系十分密切。工程的平面布局、风井的位置、风口的形式和尺寸等，设计合理与否将直接影响自然通风的实际效果。

自然通风的进排风口风速宜按表 7-2 采用，自然通风的风道内风速宜按表 7-3 采用。

自然通风的进、排风口空气流速（m/s）　　　　　　　表 7-2

部位	进风百叶	排风口	地面出风口	顶棚出风口
风速	0.5～1.0	0.5～1.0	0.2～0.5	0.5～1.0

自然进排风系统的风道空气流速（m/s）　　　　　　　表 7-3

部位	进风竖井	水平干管	通风竖井	排风道
风速	1.0～1.2	0.5～1.0	0.5～1.0	1.0～1.5

7.4.1　工程平面布局与风井的设计

工程建筑平面的设计，应注意自然通风气流能通畅地流经每个房间，并且气流阻力要小。高低风井位置的确定，应注意能控制全局，避免出现气流短路，并使各房间气流均匀。同时还要考虑到能利用地形、地物，有利于利用风压等因素。

1. 平面布置

采用自然通风的坑道工程，其平面形式一般应布置成：通道式（通室式）、多巷式、双通道式、回廊式和平行通道式，如图 7-6 所示。

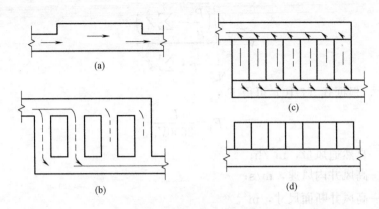

图 7-6　自然通风平面布置

(a) 通道式；(b) 多巷式；(c) 双通道式；(d) 平行通道式

对于双通道式和多巷式工程，如另设高口时，布置方法也可以如图 7-7 所示。

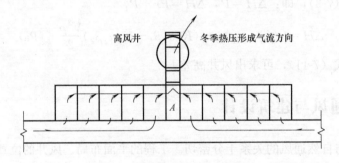

图 7-7　另设高口的自然通风设计

2. 高、低口的设计

坑道式工程的自然通风口主要是利用人员的出入口。有如下几种形式：

(1) 在工程设计时，有目的地将工程的水平出入口分设在两侧，并造成两口间适当的高差，使高口迎向夏季主导风向，低口迎向冬季主导风向。

(2) 将垂直出入口设在山体迎向夏季主导风向一侧，作为工程的高风井。

(3) 专设高风井时，如图 7-7 所示。通常将高风井设在工程通风房间的中部。如果自然被覆层中间部位太厚，打风井造价过高时，可在迎向夏季主导风向一端设高风井。

7.4.2　风口的设计

风口的设计包括两部分：一是使用房间隔墙上的风口及天花板上的自然通风口；二是自然通风井上的室内外风口。对这些风口的共同要求是气流阻力要小，下面分别对各种风口加以叙述：

(1) 房间隔墙及顶棚上的自然通风口，一般都设有美化罩、铝板网、百叶格或铁丝网等。风口装置阻力要小，风口净面积要尽量大些。孔口气流速度一般应小于 0.5m/s。设百叶的铝板网风口时，注意竖百叶的安装角度，应顺向气流流动方向，使其起到导流作用。百叶角度以 0°～30°为宜。如角度过大，将影响风口的有效面积。铝板网在安装时，也要注意铝条的倾斜角度，使其顺向气流流动方向。

（2）风井上的室内风口，要求平时通风阻力小，战时能与室外隔绝并与人员出入口有同样的防护能力；风口的面积应等于或大于风井的断面积。如果面积过小，将影响自然通风量。

（3）风井上地面风口的设计应注意两点：

① 阻力要小。自然通风井的室外风口，多采用百叶窗，目的是防止垃圾进入、鸟雀做窝以及落入雨水、美观等。为了减少百叶对气流的阻力，应在条件允许的前提下，尽可能地加大百叶的间距 l，将百叶厚度 δ 减薄，并且使百叶表面尽量光滑些。如图 7-8 所示。

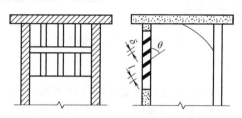

图 7-8　地面百叶风口

② 利用风压。工程能有效利用风压的关键是对进排风口的合理设计。分清风口（或风帽）的类型，选用最佳进排风帽。风帽有进、排风型之分，见图 7-9。

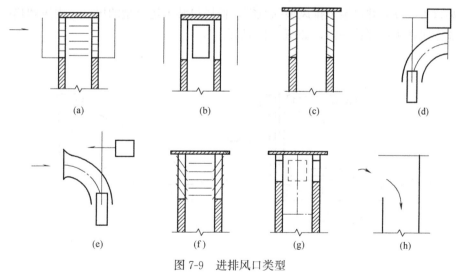

图 7-9　进排风口类型

（a）G 型排风风帽；（b）方筒型排风风帽；（c）四面正装排风风帽；（d）随风转向排风风帽；
（e）随风转向进风风帽；（f）四面倒装进风风帽；（g）加十字挡板；（h）单孔迎风百叶风口

7.4.3　保证热压与风压作用方向始终一致的方法

设法使热压作用与风压作用的气流方向始终一致，是自然通风设计的关键环节。

1. 组织半定向式自然通风

热压作用所产生的气流方向，夏季是高口进，低口排，冬季则相反。对于工程内外没有余热可以利用的工程，可根据季节改变风口的形式。夏季，将高口改为进风型风口，低口改为排风型风口，使风压作用产生的气流方向与热压作用所产生的气流方向保持一致；冬季则反之，参见图7-10。通常把这种使工程内自然通风气流方向，仅随季节变化，不随室外风速、风向变化而变化的通风称之为半定向式自然通风。

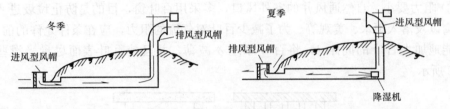

图7-10　半定向自然通风

2. 组织定向自然通风

所谓定向自然通风，就是工程内自然通风的气流方向，不随季节和室外风速、风向变化而变化，始终向同一方向流动的通风。当工程内有余热时，可以利用余热加热高风井内排风，使该排风温度始终高于夏季室外气温，从而使热压作用所产生的气流方向始终是低口进风、高口排风。

具体做法是将锅炉或柴油机的排烟管设在高风井内，用烟气的热量来加热井内的气流，使高风井内的平均温度高于夏季室外空气温度，从而使热压的气流方向为从低口进、高口排，高风井再装上排风型的风帽，低风口装上进风型的风口，内压和热压作用的气流方向就可以保持一致，如图7-11所示。

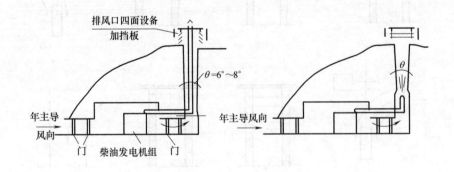

图7-11　定向自然通风

7.5　自然通风与防潮除湿

"防潮与除湿"这个概念，可作如下理解。

"防潮"：主要是从土建结构和维护管理方面设法防止外部湿源进入工程和对内部湿

源加强管理与控制。

"除湿"：主要是从通风空调方面设法降低工程内空气的含湿量。

由此可知，防潮除湿是土建、通风空调设计施工，以及维护管理等诸方面的综合性技术措施。

工程潮湿的湿源：工程外的热湿空气进入室内产生的凝结水；围护结构的渗水和三缝（施工缝、沉降缝、裂缝）等处的漏水；人员散湿及人为散湿；用水设备及用水房间的散湿等。

根据这些湿源的存在和特点，以及当前除湿措施与除湿设备的发展状况等，人防工程防潮除湿的原则应是："以防为主、以除为辅"，防、除结合。防主要是控制湿源，最主要的是控制夏季工程外热湿空气进入工程内所产生的凝结水。对自然通风而言、这是至关重要的环节。

对于利用采光窗进行自然通风的工程、由于通风口面积大、阻力小，通风和采光效果好，室内壁面随室外气温变化而变化，所以潮湿问题不明显；对设自然通风井的工程，可以根据下述情况配合机械除湿。

7.5.1 定向自然通风与除湿

防空地下室实现了定向和半定向自然通风之后，则可以有效地与机械除湿相配合，方能解决夏季工程内潮湿问题。

（1）在定向自然通风条件下

工程采用定向自然通风时，应将除湿设备设在工程的进风口。让降湿机的出风气流吹向高（排）风井。

（2）在半定向自然通风条件下

除湿设备应设在夏季的进风井下，让降湿设备的出风气流吹向低（排）风井。

实践证明，因为除湿设备是设在工程夏季的进风口处，所以，机组可以控制整个工程的温湿度。

7.5.2 夏季密闭，冬季和过渡季自然通风的工程

这类工程需掌握通风时机，通过长期实践总结出如下经验；"冬天开，夏天闭，春秋两季看天气"。这里冬、夏两季是肯定的，一开、一闭，但是春秋两季需要视工程内、外的气象参数决定开、闭。

（1）当工程外空气的含湿量（d_w）低于工程内空气的含湿量（d_n）时，即 $d_w < d_n$ 可以通风。此时，通风的结果是使工程内含湿量降低。

（2）当工程外空气含湿量（d_w）高于工程内空气含湿量（d_n）时，则不能通风。

此时，通风会使得工程内含湿量 d_n 不断升高，继续通风墙壁和地面有可能结露。

第8章 防空地下室通风设计要点及案例

8.1 人员掩蔽工程防护通风设计

人员掩蔽工程主要用于保障人员战时掩蔽的人防工程。按照战时掩蔽人员的作用，人员掩蔽工程共分为两个等级：一等人员掩蔽工程和二等人员掩蔽工程。一等人员掩蔽工程是供战时坚持工作的政府机关、城市生活重要保障部门（电信、供电、供气、供水、食品等）、重要厂矿企业的人员掩蔽工程，防化等级为乙级。二等人员掩蔽工程是指战时留城的普通居民掩蔽所，防化等级为丙级。人员掩蔽工程要求设置清洁式通风、滤毒式通风和隔绝式通风三种通风方式。一等人员掩蔽工程在人员主要出入口设洗消间，二等人员掩蔽工程设简易洗消间。

8.1.1 人员掩蔽工程的防护通风要求

根据《人民防空地下室设计规范》GB 50038—2005，人员掩蔽工程的防护通风要求见表 8-1。

人员掩蔽工程战时通风标准 表 8-1

等级	隔绝防护时间（h）	CO_2 体积浓度（%）	O_2 体积浓度（%）	人均清洁通风量（m^3/h）	人均滤毒通风量（m^3/h）	最小防毒通道换气次数（h）	清洁区超压（Pa）
一等	≥6	≤2.0	≥18.5	≥10	≥3	≥50	≥50
二等	≥3	≤2.5	≥18.0	≥5	≥2	≥40	≥30

8.1.2 一等人员掩蔽工程防护通风设计

1. 工程概况

有一防空地下室，平时为库房，平时排风量为 13000m^3/h。战时为 5 级一等人员掩蔽工程。建筑面积 1050m^2，室内净高为 3m，战时清洁密闭区的面积为 740m^2，掩蔽人员的数量为 300 人。设有两个出入口，其中二号口为进风口，设有进风机房、滤毒室、进风扩散室和进风竖井；一号口为战时人员主要出入口，设有两个防毒通道、洗消间、排风机室、排风扩散室和排风竖井等。防护进风系统平面布置见图 8-1（平时、战时共用通风竖井）。

2. 战时通风量计算

（1）清洁通风量

查表 8-1 取清洁人均通风量标准为 $10\text{m}^3/\text{h}$，则

清洁式进风量：$L_{qj}=300\times10=3000\text{m}^3/\text{h}$

清洁式排风量：$L_{qp}=L_{qj}\times0.9=3000\times0.9=2700\text{m}^3/\text{h}$

清洁式排风量一般取进风量的 $80\%\sim90\%$，使工程内保证微正压。

（2）滤毒通风量

查表 8-1，取滤毒人均通风量标准为 $L_2=3\text{m}^3/\text{h}$，最小防毒通道换气次数取 50 次/h。

按人员数量计算：$L_R=L_2\times n=3\times300=900\text{m}^3/\text{h}$

脱衣间前的防毒通道的有效容积：$V_{F1}=5.0\text{m}^2\times3.0\text{m}=15\text{m}^3$

主体清洁区的体积：$V_0=740\text{m}^2\times3.0\text{m}=2220\text{m}^3$

主体超压时的漏风量：$L_f=V_0\times7\%=2220\times7\%\text{m}^3/\text{h}=155.4\text{m}^3/\text{h}$

保持超压及防毒通道换气所需的新风：

$$L_H=V_{F1}\times K+L_f=15\times50+155.4=905.4\text{m}^3/\text{h}$$

滤毒通风新风量 L_D 应取 L_R 和 L_H 二者中的大值，故 $L_D=905.4\text{m}^3/\text{h}$

超压排风量：$L_p=L_D-L_f=905.4-155.4=750\text{m}^3/\text{h}$

3. 校核隔绝防护时间

隔绝防护时间

$$\tau=\frac{1000\cdot V_0(C-C_0)}{n\cdot C_1}=\frac{1000\times2220\times(2.0\%-0.25\%)}{300\times20}=6.48\text{h}\geqslant6\text{h}$$

满足规范要求。

4. 与土建配合内容

（1）防爆波活门

应按清洁通风进风量 $3000\text{m}^3/\text{h}$、排风量 $2700\text{m}^3/\text{h}$ 和工程抗力（5 级）由土建专业选择具体型号。本工程可选 HK400 型。平时打开门扇，门洞尺寸为 440mm×800mm，满足平时进排风要求。

（2）通风竖井面积

因通风竖井平时战时合用，计算竖井面积时应按平时风量计算，风速取 $4\sim6\text{m/s}$ 为宜。

排风竖井面积：

平时排风量为 $13000\text{m}^3/\text{h}$，风速取 5m/s，则其面积为 0.72m^2。

5. 战时进风系统设备选择

（1）油网滤尘器

因油网滤尘器设在清洁、滤毒共用风管段上，所以按清洁通风量选择。通过每个 LWP 滤尘器的风量一般取 $800\sim1600\text{m}^3/\text{h}$，此处取 $1500\text{m}^3/\text{h}$。因而应选 2 个 LWP-D

粗滤器，采用管式安装。

（2）过滤吸收器

因滤毒式进风量为 905.4m³/h，因而可选两台 RFP-500 型过滤吸收器或一台 RFP-1000 型过滤吸收器。

（3）清洁式进风管及阻力

风速一般取 6～8m/s，此处取 7m/s，$D=0.39$m，根据 D940X-0.5 密闭阀门的内径，选 $DN400$ 的密闭阀门，其内径为 441mm，因而取清洁式进风管的内径为 441mm。

查悬摆活门 HK400 风量—阻力曲线图，风量 3000m³/h 时，其阻力为 140Pa，油网滤尘器阻力 30Pa，其他阻力包括进风竖井、扩散室、清洁式风管、送风管、阀门等的阻力为 115Pa，计算过程略。

总阻力为：140＋30＋115＝285Pa

（4）滤毒进风管及阻力

风速取 6m/s，$D=0.23$m，根据 D940X-0.5 密闭阀门的内径，选 $DN300$ 的密闭阀门，其内径为 315mm，因而取滤毒式进风管的内径为 315mm。

查 HK400 风量-阻力曲线图，风量 750m³/h 时，其阻力为 12.6Pa，油网滤尘器阻力 10Pa，RFP-1000 型过滤吸收器阻力为 850Pa，其他阻力包括进风竖井、扩散室、滤毒进风管、送风管、阀门等的阻力约为 48Pa，计算过程略，主体超压值为 62.5Pa（详见战时排风系统设备选择计算）。

总阻力为：12.6＋10＋850＋48＋62.5＝983.1Pa

（5）进风机选择

因工程内无备用电源，因而选 DJF-1 型电动脚踏两用风机一台，其主要参数为：风量 3273～1278m³/h，风压 410～1430Pa，功率 1.1kW。

6. 战时排风系统设备选择

（1）清洁式排风管及阻力

排风量 2700m³/h，风速取 6m/s，$D=0.40$m，根据 D940X-0.5 密闭阀门的内径，选 $DN400$ 的密闭阀门，其内径为 441mm，因而取清洁式进风管的内径为 441mm。

查 HK400 风量—阻力曲线图，风量 2700m³/h 时，其阻力为 121Pa，其他阻力包括排风竖井、扩散室、清洁式风管、排风管、阀门等的阻力为 91Pa。

总阻力为：121＋91＝212Pa

（2）超压排风系统及阻力

超压排风量为 750m³/h。

通风短管，风速取 2.5m/s，$D=338$mm，取通风短管直径 $\varPhi400$，$v=1.79$m/s。

查 HK400 风量—阻力曲线图，风量 750m³/h 时，其阻力为 10Pa，其他阻力包括排风竖井、扩散室、排风管、通风短管、阀门等的阻力约 23.5Pa。

选一个 PS-D250 超压排气活门，查其通风动力特性曲线，排风量 750m³/h 时，其阻力为 49Pa。

工程超压值：10＋23.5＋49＝82.5Pa＞50Pa，满足要求。

选两个 PS-D250 超压排气活门，每个排风量为 375m³/h 时，其阻力为 29Pa。

工程超压值：10+23.5+29=62.5Pa＞50Pa，满足要求。

因此工程超压值是由超压排风系统的阻力决定的。

此处取两个 PS-D250 型自动超压排气活门。

（3）排风机选择

根据风量 2700m³/h，风压 312Pa，考虑一定的安全系数，选 GXFNo4.5A 低噪声斜流风机一台，其参数为：风量 2970m³/h，风压 378Pa，功率 0.75kW。

7. 战时进风系统布置（图 8-1）

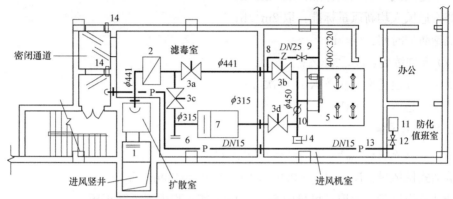

图 8-1　战时进风系统布置图

1—消波设施；2—油网滤尘器；3—密闭阀门；4—插板阀；5—进风机；6—换气堵头；

7—过滤吸收器；8—增压管（DN25 镀锌钢管）；9—铜球阀；10—风量调节阀；11—测压计；

12—旋塞阀；13—测压管（DN15 镀锌钢管）；14—气密测量管（DN50 镀锌钢管）

8. 战时排风系统布置（图 8-2）

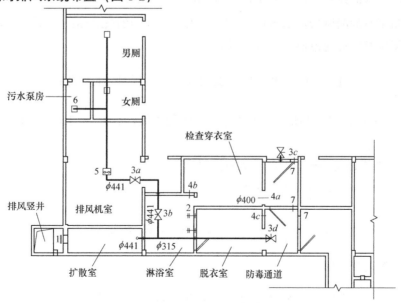

图 8-2　战时排风系统布置图

1—消波设施；2—超压排气活门；3—密闭阀门；4—通风短管（φ400）；

5—排风机；6—排风口；7—气密测量管（DN50 镀锌钢管）

137

8.1.3 二等人员掩蔽工程防护通风设计

有一防空地下室工程，建筑面积 $2000m^2$，清洁区面积为 $1680m^2$，平时为汽车库，一个防火分区；战时作为一个防护单元，6 级二等人员掩蔽部，有效掩蔽面积为 $1200m^2$，掩蔽人数 1200 人。该汽车库位于住宅小区，梁下净高 2.7m。

战时通风量标准，查表 8-1。

清洁通风人均新风量标准：取 $6m^3/h$；

滤毒通风人均新风量标准：取 $2m^3/h$；

隔绝防护时间：$t \geqslant 3h$；

CO_2 允许浓度：$C \leqslant 2.5\%$；

最小防毒通道换气次数 $K \geqslant 40$ 次/h；

清洁区超压：$\geqslant 30Pa$。

1. 清洁通风量

清洁式进风量：$L_{qj} = 1200 \times 6 = 7200m^3/h$；

清洁式排风量：$L_{qp} = L_{qj} \times 0.9 = 7200 \times 0.9 = 6480m^3/h$；

清洁式排风量一般取进风量的 $80\% \sim 90\%$ 使工程内保证微正压。

2. 滤毒通风量

按人员数量计算：$L_R = L_2 \times n = 2 \times 1200 = 2400m^3/h$；

防毒通道的有效容积：$V_F = 20.4m^3$；

主体清洁区的体积：$V_0 = 1680m^2 \times 3.2m = 5376m^3$；

主体超压时的漏风量：$L_f = V_0 \times 4\% = 5376 \times 4\% = 215m^3/h$；

保持超压及防毒通道换气所需的新风量

$$L_H = V_F \times K + L_f = 20.4 \times 40 + 215 = 1031m^3/h；$$

滤毒通风新风量 L_D 应取 L_R 和 L_H 二者中的大值，故 $L_D = 2400m^3/h$；

超压排风量：$L_p = L_D - L_f = 2400 - 215 = 2185m^3/h$。

3. 校核防毒通道换气次数和隔绝防护时间

(1) 最小防毒通道的换气次数 K_f

$$K_f = \frac{L_P}{V_F} = \frac{2185}{20.4} = 107 > 40 \text{ 次/h，满足要求。}$$

(2) 隔绝防护时间

$$\tau = \frac{1000 \cdot V_0 (C - C_0)}{n \cdot C_1} = \frac{1000 \times 5376 \times (2.5\% - 0.40\%)}{1200 \times 20} = 4.7h \geqslant 3h$$

满足规范要求。

4. 与土建配合内容

（1）防爆波活门

应按清洁通风进、排风量 $7200m^3/h$ 和 $6480m^3/h$ 和工程抗力（6级）由土建专业选择具体型号。本工程可选 HK600 型。

（2）通风竖井面积

因通风竖井平时战时合用，计算竖井面积时应按平时风量计算。风速取 $4\sim6m/s$ 为宜。

战时进风竖井平时排烟：

平时排烟量为 $23490m^3/h$，风速取 $5m/s$，则其面积为 $1.31m^2$。

战时排风竖井平时排烟：

平时排烟量为 $22032m^3/h$，风速取 $5m/s$，则其面积为 $1.22m^2$。

5. 战时进风设备选择

（1）油网滤尘器

因油网滤尘器器设在清洁、滤毒共用风管段上，所以按清洁通风量选择。通过每个 LWP 滤尘器的风量一般取 $800\sim1600m^3/h$，此处取 $1600m^3/h$。因而应选 5 个 LWP-D 滤尘器，采用墙式加固安装。

（2）过滤吸收器

因滤毒式进风为 $2400m^3/h$，因而选用三台 RFP-1000 型过滤吸收器。

（3）清洁式进风管及阻力

清洁式进风管的内径为 560mm，阻力约为 310Pa。

（4）滤毒进风管及阻力

滤毒式进风管的内径为 441mm，阻力约为 965Pa。

（5）进风机选择

因工程内无备用电源，因而选 DJF-1 型电动脚踏两用风机三台并联，其参数为：风量 $3273\sim1278m^3/h$，风压 $410\sim1430Pa$，功率 1.1kW。

6. 战时排风系统设备选择

（1）清洁式排风管及阻力

清洁式进风管的内径为 560mm，总阻力约为 295Pa。

（2）超压排风系统及阻力

超压排风量为 $2185m^3/h$，选三个 PS-D250 型超压排气活门，每个排风量为 $728m^3/h$ 时，其阻力为 37Pa。

通风短管，风速取 $3m/s$，$D=493mm$，取通风短管直径 $\phi500$。

其他部分的排风阻力约 20Pa。

则超压排风阻力为 57Pa，此即为工程的超压值。

（3）排风机选择

根据风量 $6480m^3/h$，风压 295Pa，考虑一定的安全系数，选 GXFNo5.5A 型低噪声斜流风机一台，其参数为：风量 $7150m^3/h$，风压 427Pa，功率 1.5kW。

战时通风材料表见表 8-2。

7. 战时进风系统布置（见图8-3）

8. 战时排风系统布置（见图8-4）

图8-3、图8-4中数字代表的意义见表8-2。

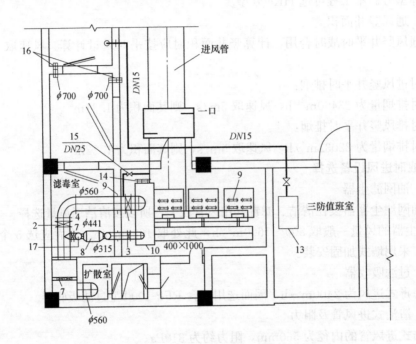

图8-3 战时进风系统布置图

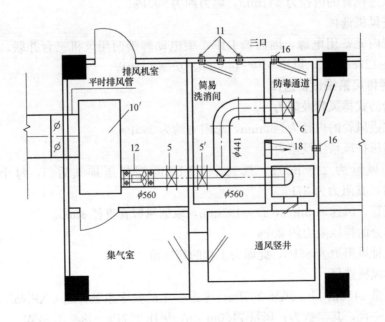

图8-4 战时排风系统布置图

战时主要设备材料表   表 8-2

编号	名称	型号与规格	单位	数量	备注
1	手动密闭阀	D40J-0.5 DN500	个	1	
2	手动密闭阀	D40J-0.5 DN500	个	1	
3	手动密闭阀	D40J-0.5 DN400	个	1	
4	手动密闭阀	D40J-0.5 DN400	个	1	
5	手动密闭阀	D40J-0.5 DN500	个	1	
5'	手动密闭阀	D40J-0.5 DN500	个	1	
6	手动密闭阀	D40J-0.5 DN400	个	1	
7	油网除尘器	LWP-D	个	5	
8	过滤吸收器	RFP-1000	个	3	
9	电动,脚踏两用风机	DJF-1	台	3	
10	静压箱	2130×700×800	个	1	
10'	消声静压箱	3200×1000×700	个	1	
11	超压排气阀门	PS-D250	个	3	
12	排风机	GXF5.5A 7150m³/h 427Pa	个	2	
13	测压管装置	DN15(带煤气阀)	套	1	倾斜式微压计 0~200Pa
14	插板阀	D500	个	1	
15	密闭增压管	DN25(带闸阀)	个	1	
16	气密性测量管	DN50	个	4	两端用管帽密封
17	换气堵头	D400	个	1	滤毒室换气用
18	通风短管	φ500	个	1	
19	风量调节阀	400×320	个	4	

8.2 物资掩蔽工程通风设计

8.2.1 物资掩蔽工程通风要求

战时物资库用于存放战时需要的食物、装备等战备物资。战时物资库内,一般只有很少人员长期滞留,当敌人空袭时允许暂停通风,防化级别为丁级,因此规范规定物资库内一般只设置清洁式通风和隔绝式通风两种方式。只有当工程要求在外界染毒时有人员或物资出入时,才设计滤毒式通风系统。

为简化物资库设计、节约成本,可用防护密闭门和密闭门代替密闭阀门,可不设置扩散室和防爆波活门,这就要求在有空袭警报时关闭进排风口防护密闭门和密闭门,停止通风,利用战时的有利时机进行清洁式通风。

8.2.2 物资掩蔽工程通风设计计算

规范中要求的物资库最小换气次数为 1 次/h,设计中可根据库中存放物资的种类和数量,确定其具体的换气次数,一般按 1~2 次/h 换气计算通风量。

某人防物资库清洁区面积 1500m²,库内净高 2.6m,换气次数取 1.5 次/h。

则进风量为:

$$L_j = 1500 \times 2.6 \times 1.5 = 5850 \text{m}^3/\text{h}$$

排风量为:

$$L_p = L_j \times 0.9 = 5265 \text{m}^3/\text{h}$$

进风机选 SJG-4.5F 型斜流风机,参数如下:风量 6000m³/h,风压 297Pa,功率 1.1kW,转速 $n=1450\text{r/min}$。

8.2.3 物资掩蔽工程通风设计平面图

战时物资掩蔽部的通风平面图见图 8-5。

(1) 清洁通风运行原理

打开进、排风口的防护密闭门和密闭阀门,关闭密闭门和插板阀,启动进、排风机进行通风。

进风:进风竖井→防护密闭门→密闭阀门→进风机→工程内。

排风:工程内→排风机→密闭阀门→防护密闭门→排风竖井。

(2) 隔绝通风运行原理

关闭进、排风口的防护密闭门、密闭门和密闭阀门,打开插板阀,启动进风机。室内空气经过插板阀、进风机、室内送风口形成循环。

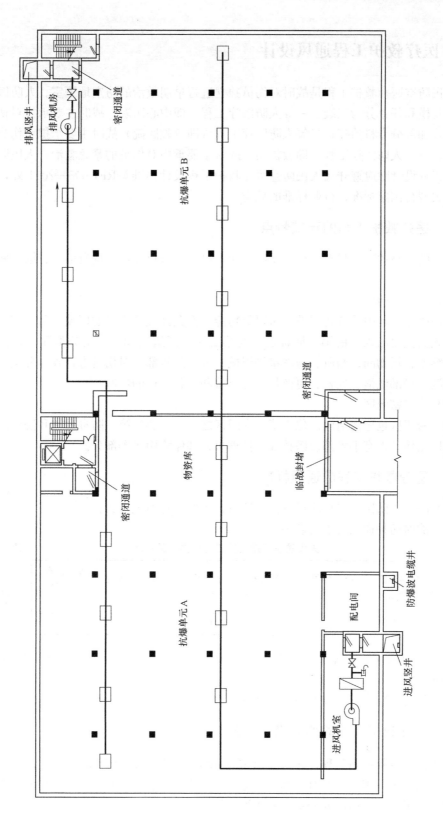

图 8-5　战时物资掩蔽部通风平面图

8.3 医疗救护工程通风设计

人民防空医疗救护工程是战时对伤员独立进行早期救治的防空地下室。人防医疗工程按其规模和任务分为三级。一等人防医疗工程（即中心医院）战时主要承担对伤员的早期治疗和部分专科治疗；二等人防医疗工程（即急救医院）战时主要承担对伤员的早期治疗；三等人防医疗工程（即救护站）战时主要承担对伤员的紧急救治。人民防空医疗救护工程设计除应遵守《人民防空医疗救护工程设计标准》RFJ 005—2011 外，还应符合有关现行国家标准、行业标准的规定。

8.3.1 医疗救护工程的建筑特点

一般的防空地下室只有一个密闭区，而人民防空医疗救护工程有第一、第二两个密闭区。

（1）第一密闭区

人防医疗工程中具备防爆波和防辐射功能、但允许轻微染毒的区域。第一密闭区位于战时人员主要出入口的第一防毒通道与第二防毒通道之间。它由分类厅、急救观察室、诊察室、污物间、厕所、盥洗室等组成。分类急救部是对伤员进行收容分类、沾染剂量探测、局部洗消、处置、更换敷料等急救和应急处理的场所。

（2）第二密闭区

第二密闭区也称清洁区。位于第一密闭区之后，它通过第二防毒通道和洗消间与第一密闭区相接，设有手术部、医技部、护理单元和保障用房等部分。

8.3.2 医疗救护工程的通风标准

（1）战时人防医疗工程应设清洁、滤毒、隔绝三种通风方式；

（2）战时防护通风要求见表8-3；

人民防空医疗救护工程防护通风标准   表 8-3

防化级别	隔绝防护时间(h)	CO_2体积浓度(%)	O_2体积浓度(%)	清洁通风量(m^3/h)	滤毒通风量(m^3/h)	最小防毒通道换气次数/h	主体超压(Pa)
乙	≥6	≤2.0	≥18.5	15～20	5～7	≥50	≥50

（3）噪声要求：手术室、急救室、重症室不大于 45dB，病房与其他房间不大于 50dB；

（4）战时医疗救护工程室内温、湿度要求见表8-4。

8.3.3 医疗救护工程的通风设计计算

某人民防空救护站工程，建筑面积 $1500m^2$，空调面积约 $950m^2$，战时设计掩蔽人数为 150 人。第一密闭区设有分类厅、急救室、诊察室、污物间、厕所等房间；第二密闭区设有手术室、病房、办公室、厕所等房间。

人民防空医疗救护工程室内温、湿度要求　　　　　　　表 8-4

类　别	夏　季		冬　季	
	温度(℃)	相对湿度(%)	温度(℃)	相对湿度(%)
手术室、急救室、重症室	20～24	50～60	20～24	30～60
病房	23～28	45～65	18～26	30～65
其他房间	24～28	≤70	16～22	≥30

1. 新风量计算

清洁人均通风量标准取 15m³/h，滤毒人均通风量标准取 5m³/h。

（1）清洁式通风新风量

① 根据人员卫生要求计算：$150×15=2250$m³/h

② 根据风量平衡计算：因《人民防空医疗救护工程设计标准》RFJ 005—2011 第 4.3.8 条对清洁通风时的部分房间规定了排风换气次数，因而要计算这些房间的排风量，这时计算排风量往往大于按人员卫生要求计算出的新风量，因而此时工程的新风量应取排风量的 1.05～1.10 倍。

清洁进风量取①、②的较大值。

（2）滤毒式通风新风量

① 根据人员卫生要求计算：$150×5=750$m³/h

② 根据满足超压和防毒通道换气计算：

$$3500×7\%+35×50=1995\text{m}^3/\text{h}$$

取两者的较大值作为工程的滤毒新风量。

2. 空气流程

（1）进风系统

清洁式进风：进风井→防爆波活门→进风扩散室→油网滤尘器→清洁进风机→消声器→防火阀→空调室。

滤毒式进风：进风井→防爆波活门→进风扩散室→油网滤尘器→过滤吸收器→滤毒进风机→风量调节阀→消声器→防火阀→空调室。

（2）空调送回风系统

空调室→消声器→防火阀→第二密闭区空调房间→密闭阀→密闭阀→第一密闭区空调房间。

空调送风中部分空气排至室外，大部分回至空调室内。

根据手术室的用途和净化要求，选择合适的空气处理设备和系统，在此不再详述。

注意：穿越第一密闭区与第二密闭区隔墙的风管需进行密闭处理，两边各装一个密闭阀，在隔绝和滤毒式通风时关闭两道密闭阀。

总热负荷：$Q=\sum Q_i=126$kW

总湿负荷：$W=\sum W_i=78$kg/h

空调设备选用一台 CGTZ90 型风冷调温除湿机，其额定除湿量为 90kg/h，制冷量 150kW，送风量为 24000m³/h，采用一次回风系统。

（3）排风系统

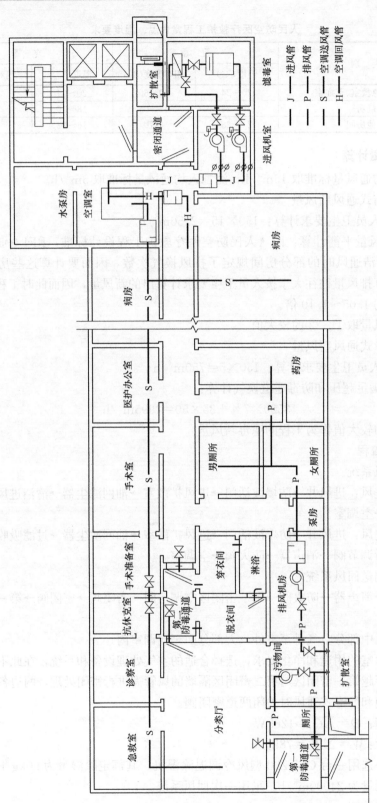

图 8-6　医疗救护工程通风示意图

① 清洁式排风:

第一密闭区:厕所→排风机→密闭阀门→排风扩散室→防爆波活门→排风竖井。

第二密闭区:排风房间→排风机→密闭阀门→密闭阀门→排风扩散室→防爆波活门→排风竖井。

② 超压排风:第二密闭区→第二防毒通道→穿衣检查间→淋浴间→超压排气活门→脱衣间→第一密闭区→第一防毒通道→排风扩散室→防爆波活门→排风竖井。

由于超压排风的路程较长,阻力大,工程超压值应经计算确定。

8.3.4 医疗救护工程的通风平面图

该人防救护站工程的平面布置见图 8-6。

第9章 防空地下室通风系统施工图审查

9.1 施工图设计深度

防空地下室施工图应符合以下原则：

（1）满足国家、行业和地方建筑工程建设标准和规范要求，同时保证具体工程的战时功能完整性；

（2）满足设备材料采购、非标准设备制作和施工安装的需要，同时保证服从具体工程防护功能平战转换的可操作性；

（3）防空地下室各专业平时功能部分的施工图设计应符合住房城乡建设部颁布的《建筑工程设计文件编制深度规定（2016年版）》中的施工图设计要求。

9.1.1 施工图设计说明要求

防空地下室通风专业施工图设计及施工说明应包括以下内容：

1. 工程概况

工程概况包括防空地下室所在的位置、防护类别（甲类、乙类），平时和战时使用功能、抗力等级、防化级别、人防建筑面积、防护单元划分、平时消防的防火与排烟分区划分等。对人员掩蔽工程应说明掩蔽面积、掩蔽人员数量等；对电站应说明电站的类型（固定电站、移动电站）、电站机房冷却方式等。

2. 设计依据

设计依据包括所采用的国家和行业现行规范、标准、规程，以及人民防空工程主管部门的审批意见、建设方的设计委托书等。

3. 设计范围

根据建设方的设计委托书说明本次设计范围的设计内容。

4. 设计参数

设计参数包括防空地下室所在地区的室外气象参数、防空地下室平时和战时室内设计参数、人员新风量标准、CO_2 允许浓度、O_2 允许浓度、隔绝防护时间、工程超压值等。

5. 设计风量计算

设计风量应分别给出平时和战时的通风量计算结果。主要包括战时人员掩蔽工程清洁通风和滤毒通风的进风量、排风量、防毒通道和排风房间的换气次数;战时物资库、装备库的进风量、排风量;对平战结合的工程还应给出平时使用的人员新风量、排风量、消防排烟量、补风量以及防烟楼梯间及其前室、消防电梯前室或合用前室、避难走道前室的加压送风量;平时汽车库的进风量、排风量、消防排烟量和补风量等计算结果。

6. 隔绝防护时间的校核

根据防空地下室的战时功能确定隔绝防护时间,并给出隔绝防护时间的校核结果。如果隔绝防护时间不能满足规范的要求,应提出延长隔绝防护时间需要采取的措施。

7. 设备选取

包括通风的主要设备的选取依据、主要参数等。

8. 施工要求

(1) 平时通风施工要求:应明确平时通风系统施工时的管材、施工工艺、隔声、消声、防腐、保温、验收等方面的要求。

(2) 战时通风施工要求:应明确战时通风设施在防护、密闭、隔声、消声、防腐、保温、验收等方面的要求,以及风管、测压管、检测管、电站排烟管的管材、连接工艺、坡度等要求。

9. 平战功能转换

平战结合的防空地下室,应明确战时功能的转换措施和各个转换时段内的转换内容和要求。转换的内容和要求目前没有统一标准,应符合当地人防管理部门的要求。在设计时应尽量减少平战转换的工作量,平时使用的风管在战时进行封堵和隔断时,尽量采用制式设备和器材。

10. 施工说明

应明确工程在防护、密闭、隔声、消声、防腐等方面的要求,以及风管、水管等材料的选择和施工及验收方面的其他要求。

11. 图例

给出图中用到的设备、附件等的图例。

9.1.2 施工图设计图纸深度要求

1. 主要设备材料表

主要设备材料表中应包括主要设备、管材和附件等。在与图中设备和附件编号相对应的基础上,列出其名称、型号、规格、单位和数量等,在型号、规格栏内应给出详细的技术参数,备注中可列出安装时间要求。

2. 通风平面图

(1) 通风平面图通常在建筑专业提供的平面图上绘制完成,平面图上应标注主要轴线号、轴线尺寸、房间名称、室内地面标高等。

(2) 通风平面图用双线绘出风管,标注风管管径(断面尺寸)、标高及定位尺寸;

标注风口形式、规格及定位尺寸；标注各种设备安装定位尺寸和编号；标注消声器、调节阀、防火阀以及检查孔、测压孔等部件和设施的位置。

（3）对平战结合的工程，可分别绘制平时通风平面图和战时通风平面图。

3. 进风、排风口部通风平、剖面图

（1）防空地下室的进风、排风口部的通风系统比较复杂，需要绘制详图。

（2）对设置了三种通风方式的防空地下室，进风口部一般由进风竖井、进风扩散室、除尘室、滤毒室、密闭通道和进风机房组成。进风口部大样图应绘出进风管道、密闭阀门、油网滤尘器、过滤吸收器、进风机等主要设备的轮廓位置及编号，标注风管管径（断面尺寸）、标高、坡度、坡向及定位尺寸；标注设备及基础距墙或轴线的尺寸。排风口部应绘出排风管道、密闭阀门、超压排气活门、通风短管、排风机的位置，标注风管管径（断面尺寸）、标高、坡度、坡向及定位尺寸；标注设备及基础距墙或轴线的尺寸，标出设备和管道附件的编号。

（3）绘出风管上安装的密闭阀门、调节阀、插板阀、防火阀、消声器、柔性短管等管道附件的位置，必要时标出管道附件的编号。

（4）绘出测压管、放射性监测取样管、尾气监测取样管、压差测量管、气密测量管的位置，注明管径、阀门设置要求。当清洁和滤毒式进风共用风机时应绘出增压管和球阀位置，并标明管径。

（5）穿过防护密闭墙的管道，应注明防护密闭做法。

（6）当平面图不能表达清楚复杂管道和设备的相对关系和竖向位置时，应绘制剖面图。

（7）剖面图应绘出对应于平面的设备、设备基础、管道和附件的竖向位置，标注设备、管道和附件的竖向尺寸和标高。

4. 通风系统图

（1）用单线绘制通风系统轴测图，绘出主要设备、风口、阀门、检测口以及其他管道和附件的位置，标注管道管径（断面尺寸）、标高、坡度、坡向以及风口尺寸、标高等。

（2）当用通风平面图和口部详图可以清楚表达系统管道和设备相互关系及安装位置时，可不画系统轴测图，也可根据需要用通风系统原理图代替系统轴测图。

（3）在通风系统中应给出通风系统在平时和战时不同通风方式下的转换操作方式表。对不需要绘制系统轴测图或系统原理图的工程，也应按平面图或口部详图的设备编号给出平时、战时不同通风方式下的转换操作方式表。

5. 柴油电站通风平剖面图

（1）防空地下室设有柴油电站时，应单独绘制电站通风详图。

（2）设计说明时应给出柴油发电机组和发电机房的散热量、冷却方式、机房进风量、机房排风量、柴油机燃烧空气量、柴油机排烟量；当机房采用水冷时，应给出冷却水的水量和水温。设电站控制室的柴油电站，应说明控制室的新风供给方式、新风量、电站防毒通道换气次数等。

（3）按平面图绘制要求绘出电站通风平面图，当管道布置较复杂，其他图纸不能清楚表达管道间相对关系和竖向位置时，应绘制局部详图或剖面图。

（4）对较复杂的水冷式固定电站，应说明电站通风系统运行、转换的操作方式，对平剖面图和局部详图无法清楚表达设备、管道的相对位置时，还应绘制系统轴测图或系统原理图。

9.1.3　设计计算书深度要求

1. 计算依据

列出本工程通风计算依据的国家、行业颁布的规范、规程和标准。

2. 通风量计算

（1）防空地下室平时通风量计算，计算出平时进风量、排风量。

（2）防空地下室平时消防排烟量、补风量、正压送风量计算。

（3）战时不同通风方式的进风量、排风量。

3. 战时校核计算

（1）校核防空地下室隔绝防护时间是否满足规范要求。

（2）校核防空地下室防毒通道换气次数是否满足规范要求。对设有电站防毒通道的单元，进风量应同时满足两个防毒通道的换气次数要求，或在图中说明两个防毒通道不同时使用。

4. 主要设备选择

列出本工程通风系统中通风机、油网滤尘器、过滤吸收器、超压排气活门的选择计算及设备的型号、规格。

5. 电站通风计算

（1）电站机房余热量计算

根据柴油发电机的功率、台数和运行方式，计算出电站机房的柴油机发热量、发电机发热量和排烟管散热量，计算出机房的余热量。

（2）电站通风量计算

根据电站机房冷却方式，计算出电站进风量、排风量、储油间排风量、柴油机燃烧空气量。

（3）排烟管计算

根据柴油机排烟量计算出排烟管径；选定排烟管保温材料，计算排烟管保温层的厚度。

9.2　通风系统施工图审查要点

防空地下室施工图设计文件审查工作的依据是《人民防空地下室设计规范》GB 50038—2005 及其他相关人防规范、标准。

9.2.1　施工图技术性审查资料

施工图技术性审查资料应包括：

(1) 批准立项文件、初步设计（无初步设计的按方案设计）审查批准文件；

(2) 主要的初步设计文件（如无初步设计阶段，报方案设计文件）；

(3) 由建设单位填写的《人民防空地下室施工图设计文件申报表》；

(4) 工程所在地人防行政主管部门的有关审查意见；

(5) 工程地质勘察报告；

(6) 防空地下室专项设计的全套图纸以及有关专业计算书；

(7) 工程所在地人防行政主管部门要求提供的其他资料。

9.2.2　施工图设计文件审查的主要内容

(1) 施工图设计文件是否齐全，施工图是否达到规定的编制深度，图面表达是否符合相应制图标准的规定；

(2) 施工图设计是否符合人防行政主管部门批准文件的要求；

(3) 防空地下室的结构抗力、密闭防毒和辐射防护等方面设计是否满足规定的战时防护要求；

(4) 建筑、暖通、给水排水和电气方面的设计能否满足战时人员的使用和基本生存条件；

(5) 设计中采用的防护功能平战转换措施能否保证战时的防护安全。

9.2.3　施工图设计文件的编制深度

应符合《建筑工程设计文件编制深度规定》的相关规定；并应满足国家建筑标准设计图集《防空地下室施工图设计深度要求及图样》08FJ06 的要求。图纸应按《房屋建筑制图统一标准》GB/T 50001—2007、《暖通空调制图标准》GB/T 50114—2010 的规定绘制。

应有防空地下室暖通空调专项设计说明，绘图比例不应小于1∶100 的通风空调平面图、排风口部平面图，绘图比例不小于1∶50 的进风口部滤毒室和进风机房的平、剖面图，进排风口部通风系统原理图（轴测图），不同通风方式转换操作表等。

设计文件应提供防空地下室暖通空调设计说明，设备材料表，战时通风平面图及原理图（系统图），战时进排风口部平、剖面图，通风大样（通用）图，柴油电站通风平面图、剖面图及原理与（系统图）、平时使用暖通空调平面图、系统图等。

9.2.4　强制性条文及一般规定

强制性条文：《人民防空地下室设计规范》GB 50038—2005 中第 5.2.16、5.3.3、5.4.1 条。

设计说明包括：设计依据、工程概况、设计范围、参数标准、相应计算结果、各系统设置，平战转换及施工要求等内容。

系统设计一般规定：防空地下室的供暖通风与空气调节设计，必须确保战时防护要求，并应满足战时及平时的使用要求。防空地下室的通风与空气调节系统设计，战时应按防护单元设置独立的系统。防空地下室的供暖通风与空气调节系统应分别与上部建筑的供暖通风与空气调节系统分开设置。

9.2.5 防护通风设计

防空地下室的防护通风设计应符合下列要求：战时为医疗救护工程、防空专业队队员掩蔽部、人员掩蔽工程以及食品站、生产车间和电站控制室、区域供水站的防空地下室，应设置清洁通风、滤毒通风和隔绝通风；战时为物资库的防空地下室，应设置清洁通风和隔绝防护。

室内温湿度设计标准：医疗救护工程和柴油电站战时清洁通风时室内空气温度和相对湿度，应符合规范的规定。

1. 风量计算

防空专业队员掩蔽部：清洁人均新风量 $10\sim15m^3/h$；滤毒人均新风量 $5\sim7m^3/h$；

一等人员掩蔽部：清洁人均新风量 $10\sim15m^3/h$；滤毒人均新风量 $3\sim5m^3/h$；

二等人员掩蔽部：清洁人均新风量 $7.5m^3/h$；滤毒人均新风量 $2\sim3m^3/h$；

医疗救护工程：见《人民防空医疗救护工程设计标准》RFJ 005-2011；清洁新风量 $15\sim20m^3/h$；滤毒新风量 $5\sim7m^3/h$；温湿度要求见该标准。

人防食品药品储备供应站：见《人民防空食品药品储备供应站设计规范》DB32/T3399-2018；清洁式进风量不小于 1 次/h 换气；滤毒人均新风量 $\geqslant5m^3/h$；温湿度要求见该规范。

一般物资库：见《人民防空物资库工程设计标准》RFJ2-2004；清洁式通风 $1\sim2$ 次/h 换气。

防空地下室滤毒通风时的新风量应分别计算掩蔽人员所需新风量，以及满足战时人员主要出入口最小防毒通道换气次数所需风量和室内保持超压时的漏风量之和，取其中的较大值。

在设计说明中应给出采用的风量标准、风量及相关参数计算结果。

2. 隔绝防护时间校核

人员掩蔽工程战时隔绝应按规范给出的计算公式进行校核。当计算出的隔绝防护时间不能满足规范规定时，宜采取减少战时掩蔽人数或增加延长隔绝防护时间的措施。说明中应给出校核计算结果。

3. 防护设备

防空地下室平时和战时合用一个通风系统时，应按平时和战时工况分别计算系统的新风量，并按下列规定选用通风和防护设备。

（1）按最大的计算新风量选用清洁通风管管径、油网滤尘器、密闭阀门和通风机等设备；

（2）按战时清洁通风的计算新风量选用门式防爆波活门，并按门扇开启时的平时通风量进行校核；

（3）按战时滤毒通风的计算新风量选用滤毒进（排）风管路上的过滤吸收器、滤毒风机、滤毒通风管及密闭阀门。

设计选用的过滤吸收器，其额定风量严禁小于通过该过滤吸收器的风量。

自动排气活门的选用和设置，应符合下列要求：

（1）型号、规格和数量应根据滤毒通风时的排风量确定；

（2）应与室内的通风短管（或密闭阀门）在垂直和水平方向错开布置。

战时电源无保障的防空地下室应采用电动、人力两用通风机。

在进行防护设备、阀门、管道等布置时应留出合理的安装、运行操作和检修维护的空间。

4. 管道

穿过人防围护结构的管道应符合规范的要求。

穿过防护密闭墙的通风防护密闭管应在土建施工时一次预埋到位。

引入防空地下室的供暖管道，在穿过人防围护结构处应采取可靠的防护密闭措施，并应在围护结构的内侧设置工作压力不小于 1.0MPa 的阀门。

引入防空地下室的空调水管，应采取防护密闭措施，并应在其围护结构的内侧设置工作压力不小于 1.0MPa 的阀门。

凡穿越防护单元隔墙的供暖和空调水管，在穿越隔墙处应采取可靠的防护密闭措施，并应在两侧设置工作压力不小于 1.0MPa 的阀门。

设置在染毒区的进、排风管，应采用 3mm 厚的钢板焊接成型，其抗力和密闭防毒性能必须满足战时的防护需要，且风管应有 0.5% 的坡度坡向室外。

通风管道应采用符合卫生标准的不燃材料制作。

5. 空气监测

设有滤毒通风的防空地下室，应在防化通信值班室设置测压装置，测压管的一端应引至室外空气零点压力处。

设有滤毒通风的防空地下室，应在滤毒通风管路上设置取样管和测压管。

（1）在滤毒室内进入风机的总进风管上和过滤吸收器的总出风口处设置 $DN15$ 的尾气监测取样管，该管末端应设截止阀；

（2）在滤尘器进风管道上，设置 $DN32$ 的空气放射性监测取样管（乙类防空地下室可不设）。该取样管口应位于风管中心，取样管末端应设球阀；

（3）在油网滤尘器的前后设置管径 $DN15$ 的压差测量管，其末端应设球阀。

防空地下室每个口部的防毒通道、密闭通道的防护密闭门门框墙、密闭门门框墙上应设置 $DN50$ 的气密测量管，管的两端战时应有相应的防护、密闭措施。

以上各类监测管在施工图中应标注详细位置并给出安装大样。

9.2.6 平战功能转换

1. 平战功能转换总体要求

对于平战结合的乙类防空地下室和核 5 级、核 6 级、核 6B 级的甲类防空地下室设计，当平时使用要求与战时防护要求不一致时，应采取平战功能转换措施。

供暖通风与空调系统的平战结合设计，应符合下列要求：

（1）平战功能转换措施必须满足防空地下室战时的防护要求和使用要求；

（2）在规定的临战转换时限内完成战时功能转换。

2. 防护单元间管道平战转换要求

防空地下室两个以上防护单元平时合并设置一套通风系统时，应符合下列要求：

（1）必须确保战时每个防护单元有独立的通风系统；

（2）临战转换时应保证两个防护单元之间隔墙上的平时通风管、孔在规定时间内实施封堵，并符合战时的防护要求。

3. 平战功能转换图纸要求

战时的防护通风设计，必须有完整的施工设计图纸，标注相关的预埋件、预留孔位置。

9.2.7　柴油电站

1. 进排风系统

柴油发电机房宜设置独立进、排风系统。

柴油发电机房清洁式通风进、排风量应按规范分项计算确定，并在说明中给出计算结果。

柴油电站控制室所需新风，应按不同情况由主体供给或设独立滤毒通风系统供给。

柴油电站的贮油间应设排风装置，排风换气次数不应小于 5 次/h。接至贮油间的排风管道上应设 70℃的防火阀。

2. 排烟系统

（1）柴油机排烟口与排烟管应采用柔性连接。当连接两台或两台以上机组时，排烟支管上应设置单向阀门；

（2）排烟管的室内部分，应作保温隔热处理，该保温隔热层的外表面温度不应超过 60℃。

3. 连通口

柴油电站与有防毒要求的防空地下室设连通口时，应设防毒通道和滤毒通风时的超压排风设施。

第10章 防空地下室战时通风系统安装与验收

10.1 战时通风系统管道施工与验收

10.1.1 通风管道施工验收要求

1. 风管的规格、尺寸必须符合设计要求

染毒区风管与附件应采用厚度 3mm 钢板焊接成型，风管采用焊接连接，应按 0.5% 的坡度坡向工程口部。主体工程内风管与配件的钢板厚度应符合设计要求。

焊缝应饱满、均匀、严密，严禁有烧穿、漏焊和裂缝等缺陷。纵向焊缝必须错开。

风管安装轴线和标高应正确，与支架接触紧密、牢固，接缝表面平整。

风管外观质量应符合下列规定：（1）折角平直，圆弧均匀。（2）两端面平行，无明显翘角。（3）风管外径的允许偏差：当小于或等于 300mm 时，为 1mm；当大于 300mm 时，为 2mm。

2. 风管与设备连接的法兰应符合规定

风管端面不得高于法兰接口平面，对接平行、严密，螺栓紧固。

法兰平面度的允许偏差为 2mm。垫片应与法兰平齐、连接紧密，染毒区应采用不小于 4mm 的无接口橡胶密封垫片。

法兰的孔距 80～100mm，焊接牢固，焊缝处不设置螺孔。

在染毒区应采用厚度大于 6mm 的钢制密闭法兰。

3. 支、吊架安装要求

支、吊架应安装牢固且不得影响设备操作。

风管水平安装，支、吊架间距不应大于 3m。

风管垂直安装，单根直管不应少于两个固定点。

支、吊架不宜设置在风口、阀门及自控机构处。

当水平悬吊的主、干风管长度超过 20m 时，应设置防止摆动的固定点，每个系统不应少于 1 个。

吊架的螺孔应采用机械加工。吊杆应顺直，螺纹完整、光洁。安装后各副支、吊架的受力应均匀，无明显变形。

安装在支架上的圆形风管应设托座和抱箍，其圆弧应均匀，且与风管外径相一致。

10.1.2　管道穿密闭墙施工验收要求

通风穿墙预埋管应按隐蔽项目进行验收。

在防护密闭墙或密闭墙混凝土浇筑前应检查项目如下：（1）预埋管件的数量、位置、规格，垂直度等满足设计要求。（2）密闭翼环应位于墙体厚度的中间，通风穿墙预埋管中心线标高允许偏差±5mm，垂直度允许偏差2mm。（3）预埋管件应与周围结构钢筋焊牢。（4）预埋管件不得有锈迹，应涂刷防锈漆。（5）其他设计要求或必要的隐蔽项目检查。

通风穿墙预埋管应采用厚度不小于3mm的钢板焊接制作，其焊缝应饱满、均匀、严密。预埋管直径的允许偏差：当小于或等于300mm时，为2mm；当大于300mm时，为3mm。

通风穿墙预埋管有接管要求的伸出墙面的长度应大于100mm。

密闭翼环应采用厚度大于5mm的钢板制作。钢板应平整，其翼高宜为30～50mm。密闭翼环与通风穿墙预埋管的结合部位应满焊。

10.1.3　测量取样管施工验收要求

各种测量管、取样管穿过防护密闭墙、密闭墙时，应采用防护密闭措施。

1. 压差测量管

压差测量管设在油网滤尘器的前后端。对于管式安装的油网滤尘器，测量管分别设在油网滤尘器前后的风管上；立式安装的油网滤尘器，测量管分别伸至安装油网滤尘器墙的两侧。

压差测量管采用DN15热镀锌钢管，每根管的末端均设球阀。

压差测量管与风管连接处采用焊接方式，焊缝处应满焊，密闭不漏气。

2. 放射性监测

放射性监测取样管设在油网滤尘器的前端，取样管末端设在滤毒室内。

取样管采用DN32热镀锌钢管，管口位于风管中心，并有迎气流的90°弯头，管的末端设球阀。

取样管与风管连接处采用焊接方式，焊缝处应满焊，密闭不漏气。

3. 尾气监测取样管

在过滤吸收器的总出口处，设置尾气监测取样管。

尾气监测取样管采用DN15热镀锌钢管，管口位于风管中心，并有迎气流的90°弯头，管的末端设球阀。

尾气监测取样管与风管连接处采用焊接方式，焊缝处应满焊，密闭不漏气。

4. 增压管

增压管入口设在进风机总出口处风管上，出口设在清洁式进风两道密闭阀门之间的风管上。

增压管采用DN25热镀锌钢管，管路上设球阀。

增压管与密闭段风管连接处采用焊接方式，焊缝处应满焊，密闭不漏气。

5. 测压管

测压管一端引至室外空气压力零点处，管口朝下；测压管可预埋在顶板内，也可在顶板下明设，测压管另一端与设在通风机房或防化值班室的测压装置相连接。

测压管采用 $DN15$ 热镀锌钢管，清洁区内连接测压装置的一端设球阀或旋塞阀。

测压管与测压装置的连接采用软管连接。

6. 气密性测量管

气密性测量管设置在工程口部防毒通道或密闭通道的每道门框墙上。

气密性测量管采用 $DN50$ 热镀锌钢管。

气密性测量管两端应采用套外丝加管帽或套内丝加丝堵的封堵方式。

10.2　通风防护设备安装与验收

10.2.1　油网滤尘器安装

油网滤尘器的型号、规格、数量、额定风量必须符合设计要求。

油网滤尘器的安装方向必须网孔大的一侧置于迎风面，网孔小的一侧置于背风面。

油网滤尘器安装前应对每块滤尘器做加固处理，在网孔小的一侧四周外框上用扁钢作"井"字形加固。

油网滤尘器应浸油后安装。

油网滤尘器之间的连接应严密，漏风处应用浸油麻丝或腻子填实。

油网滤尘器的前后应设测压管，末端均设球阀，并连接在微压计上。

油网滤尘器安装要平正，水平度、垂直度允许偏差和检验方法应符合表 10-1 的规定。

油网滤尘器安装的允许偏差和检验方法　　　　　　　　表 10-1

项目		允许偏差(mm)	检验方法
油网滤尘器	水平度 单个	3	拉线、水平尺和尺量检验
	水平度 成组	5	
	垂直度 单个	4	吊线和尺量检查
	垂直度 成组	6	

注：管式安装和水平安装时应检查水平度。

10.2.2　过滤吸收器安装

过滤吸收器安装应符合下列规定：(1) 过滤吸收器的型号、规格、数量、额定风量必须符合设计要求。(2) 安装位置、方向必须正确。(3) 过滤吸收器外壳应无损伤、碰伤或穿孔等影响滤毒效果的情况。(4) 过滤吸收器的总出风口处应设置尾气监测取样管。(5) 距离每台过滤吸收器的入口处 1.5m 范围内应设 AC 220V/50Hz 规格的电源插座。

过滤吸收器的安装验收应进行下列检查：（1）螺母在同一侧，排列整齐，固定牢固。（2）当需选择多台过滤吸收器时，宜选择同型号设备，并宜保持空气通过每台过滤吸收器的路径相等。（3）过滤吸收器应安装在支架上，并同周围留有一定的安装和检修距离。当多台设备垂直安装时，叠设的支架不应妨碍设备的拆装。（4）过滤吸收器与风管的连接应采用柔性连接。（5）过滤吸收器平时不用时应保持密封。

过滤吸收器安装的允许偏差和检验方法应符合表 10-2 的规定。

过滤吸收器安装的允许偏差和检验方法　　　　　　　　　　表 10-2

项目		允许偏差(mm)	检验方法
过滤吸收器	罐体中心距	5	尺量检查
	垂直度　单个	2	吊线及尺量检查
	成组	5	

10.2.3　密闭阀门安装

密闭阀门的安装验收，应检查下列项目：（1）密闭阀门的型号、规格、数量必须符合设计要求。（2）密闭阀门安装位置准确，固定牢靠，垫片与法兰平齐、连接紧密。（3）安装前应进行气密性检查，其气密性能应符合规定。（4）通风管段上，两个串联密闭阀门中心距不小于阀门内径。（5）开关指示状态与阀门板的实际开关状态应相同。（6）阀门应用吊钩或支架固定，吊钩不得吊在手柄或锁紧位置上。（7）阀门手柄段应留有一定的操作距离，阀门距墙或顶板应大于 150mm，方便开启。

密闭阀门安装方向应正确，阀门标识的箭头方向必须与冲击波作用方向一致。

电动密闭阀门须经过不少于 50 次的无故障连续试运行，试运行后阀板转动灵活，无卡阻、杂音，电机最高温度不超过 65℃。

密闭阀门应设独立的支、吊架，支、吊架应构造正确，埋设平正、牢固，支架与阀门接触紧密；吊杆垂直，排列整齐。

密闭阀门安装允许偏差和检验方法应符合表 10-3 的规定。

密闭阀门安装允许偏差和检验方法　　　　　　　　　　表 10-3

项　　目	允许偏差(mm)	检验方法
中心标高	±3	尺量检查

10.2.4　超压排气活门安装

自动排气活门安装验收应符合下列规定：（1）自动排气活门的型号、规格、数量及安装位置必须符合设计要求。（2）自动排气活门开启方向必须朝向排风方向，平衡锤连杆应与穿墙管法兰平行，平衡锤应铅垂向下。（3）自动排气活门在设计超压下能自动灵活启闭，关闭后阀盘与密封圈贴合严密，锁紧装置锁紧严密。

自动排气活门安装的允许偏差和检验方法应符合表 10-4 的规定。

自动排气活门安装的允许偏差和检验方法 表 10-4

项 目		允许偏差(mm)	检验方法
自动排气活门	标高	±5	水准仪、尺量检查
	平衡锤连杆铅垂度	5	吊线、尺量检查

10.2.5 通风机安装验收

离心式通风机、管道式通风机、手摇电动两用风机及电动脚踏两用风机的安装应查验下列项目：（1）通风机应有装箱清单、设备说明书、产品质量合格证书和产品性能检测报告等随机文件。（2）通风机安装前，应进行开箱检查，并形成验收文字记录。（3）通风机与配用电机的型号、规格、数量、出口方向应符合设计要求。

通风机叶轮严禁与壳体碰擦。试运行时叶轮旋转方向必须正确，应不少于 2h 通电连续运转，滑动轴承温升不超过 35℃，最高温度不超过 70℃；滚动轴承温升不超过 40℃，最高温度不超过 80℃。

离心式通风机的叶轮转向应正确，旋转应平稳。手摇电动两用风机及电动脚踏两用风机的齿轮箱内齿轮下端应浸入油液 10～12mm。

离心式通风机的安装应符合下列规定：（1）叶轮停转后不应每次停留在同一位置。（2）与减振台座接触紧密，固定通风机的地脚螺栓应拧紧，并有防松动措施。（3）通风机与风管的连接应用软管，且连接紧密、不漏气。

管道式通风机的安装应符合下列规定：（1）采用减振支、吊架安装时，风机与减振器及支、吊架连接紧密，牢固可靠。（2）通风机应固定，并有防松动措施。（3）通风机与风管的连接应用软管，且连接紧密、不漏气。

手摇电动两用风机的安装应符合下列规定：（1）风机安装应保持水平位置，转动灵活。（2）风机摇柄应留有一定的操作距离，转轴应距地 935mm，允许偏差±10mm。（3）风机专用支架的地脚螺栓应拧紧。（4）风机减振垫应上下有棱，厚度 10～15mm。

电动脚踏两用风机的安装应符合下列规定：（1）风机安装应保持水平位置，各部件连接牢固、转动灵活。（2）风机机座固定应采用预埋钢板。（3）风机减振垫应上下有棱，厚度 10～15mm。

通风机安装的允许偏差和检验方法应符合表 10-5 的规定。

通风机安装的允许偏差和检验方法 表 10-5

项次	项目		允许偏差(mm)	检验方法
1	中心线的平面位移		10	经纬仪或拉线和尺量检查
2	标高		±10	水准仪或水平仪、拉线和尺量检查
3	皮带轮轮宽中心平面偏移		1	在主、从动皮带轮端面拉线和尺量检查
4	传动轴水平度	纵向	0.2/1000	在轴或皮带轮 0°和 180°的两个位置上用水平仪检查
		横向	0.3/1000	

10.2.6 通风部件安装验收

风阀、风量测量装置的规格、尺寸必须符合设计要求。

插板阀应符合下列规定：（1）壳体应严密，内壁应作防腐处理。（2）阀板应平整，启闭灵活，并有可靠的定位固定装置。

风量测量装置的安装应符合下列规定：（1）两端连接的风管直径应与风量测量装置实际内径相一致，轴线允许偏差3mm。（2）按气流方向，风量测量装置应安装在局部阻力部件之后大于等于5倍风管直径处，且在局部阻力部件之前大于等于2倍风管直径的直管段上，如图10-1所示。（3）风量测量误差不超过±10%。

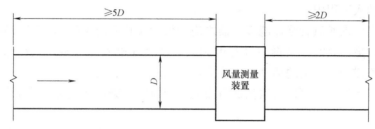

图10-1 风量测量装置

风量调节阀安装应符合下列要求：（1）开关标识清晰正确，多叶阀叶片贴合、搭接一致，轴距偏差不大于2mm。（2）手轮或扳手，应以顺时针方向转动为关闭，其调节范围及开启角度指示应与叶片开启角度相一致。（3）结构牢固，启闭灵活，法兰与风管的材质一致。（4）叶片的搭接贴合一致，与阀体缝隙不大于2mm。

10.2.7 三种通风方式控制与显示装置安装验收

防化级别为乙级的人防工程，应根据生化报警信息，通过三防控制中心、设备电控箱实现三种通风方式的转换并显示，可控制清洁进风机、滤毒进风机和排风机的启停，可控制密闭阀门的启闭。

三种通风方式的声光信号控制箱应设在防化值班室和控制室，显示三种通风方式的声光信号箱应设置在控制室/配电室、风机室、防化化验室、防化值班室、出入口最后一道密闭门的内侧等部位的门框上约150mm处。

三种通风方式信号箱或文字显示器可进行三种通风方式状态切换显示，指示清洁式通风显示为绿色，指示滤毒式通风显示为黄色并伴有警铃，指示隔绝式通风显示为红色并伴有警铃。

三种通风方式本地控制柜，应采用明装方式，控制柜下部离地约1.4m，通信（或控制）电缆应预留到接线端子的足够长度。

三种通风方式远程总控制台，宜与其他三防设备控制装置合并安装在防化值班室或总控制室，该室内宜配置UPS电源。

防爆呼唤按钮的安装，应预埋在工程战时人员主要出入口第一道防护门或防护密闭门外墙上，离地面1.4m为宜。

10.3 战时通风系统功能性检测

10.3.1 通风管道与密闭阀门气密性检测

通风管路和密闭阀门的气密性是工程在隔绝防护和过滤式防护时工程内安全的重要保障。如果气密性不符合要求，可能出现以下情况，造成工程染毒：

（1）在滤毒通风管路和清洁通风管路并联，共用一台进风机的情况下，当滤毒通风时会在清洁通风管路中造成较大的负压，进风染毒空气不通过过滤吸收器而直接从清洁式通风管路抽入工程内；

（2）如果滤毒通风管路过滤吸收器之前的管段及其密闭阀门不气密，在隔绝防护或过滤通风因故障停风时，染毒空气有可能从不密闭处透入滤毒室及其相邻的防毒通道内，由于检修或操作人员的活动也可使染毒空气漏入工程内；

（3）滤毒室染毒后再进行清洁通风或滤毒通风时，染毒空气可能从管路的不气密处被抽入工程内。

通风系统气密检查分为清洁通风管路及密闭阀门气密检查和滤毒通风管路及密闭阀门气密检查。

1. 清洁式通风管路气密检查

清洁式通风管路气密检查方法如图 10-2 所示。

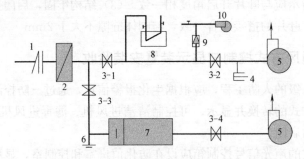

图 10-2 清洁通风管路及密闭阀门气密性检查
1—防冲击波设备；2—油网滤尘器；3—密闭阀门；4—插板阀；5—通风机；6—换气堵头；
7—过滤吸收器；8—倾斜式微压计；9—气体流量计；10—空压机（或压缩气瓶）

检查步骤：

（1）在密闭阀门 3-1 和 3-2 之间的清洁式通风管的适当（方便操作）位置上打两个直径约 10～15mm 的孔，用带玻璃或金属管接头的橡皮塞塞紧，其中一个接头用胶管与空压机（或压缩空气瓶）的出气口相连，另一接头与倾斜式微压计或"U"形压力计的"＋"压端相连；

（2）关闭阀门 3-1 和 3-2；

（3）将倾斜式微压计的手柄打到"测量"位置开动吹尘器或空压机向管路中送气，并调节送气调节阀，使微压计显示 100Pa（约 10mmH$_2$O）的超压；

（4）在维持管路内超压值的条件下，用肥皂水涂刷管路，特别是连接法兰、软管接口、焊缝处（包括滤尘器、过滤吸收器的外壳焊缝和用橡皮垫圈的密封处）。对发现的漏气部位用粉笔标记，以便进行修补处理；

（5）修补处理后再用上述方法检查，直到检不出漏气部位为止。

2. 清洁通风管路中密闭阀门的气密性检查

清洁式管路系统中密闭阀门的气密性检查，待清洁式通风管路气密检查合格后进行。如图 10-2 所示。

检查步骤：

（1）管道开孔、连接方法与清洁式通风管路气密检查方法相同；

（2）关闭阀门 3-1 和 3-2；

（3）将倾斜式微压计的手柄打到"测量"位置开动空压机（或压缩空气瓶）向管路中送气，并调节送气调节阀，使微压计显示 100Pa（约 $10mmH_2O$）的超压；

（4）待超压值稳定后，记下转子流量计流量读数，该流量值即视为两道密闭阀门的漏气量之和。每个密闭阀门的漏气量不得大于允许漏气量，否则应检修或更换。

3. 滤毒式通风管道和密闭阀门的气密性检测

滤毒式通风管道和密闭阀门的气密性检测原理与清洁式通风系统的气密性检测相同。但是，由于在平时维护管理时，为了防止滤毒设备失效未接入滤毒式通风系统中，滤毒式通风管路是开放的，因此，为了测量滤毒式通风管道和密闭阀门的气密性，应对与滤毒设备接口的管道法兰口进行封堵，分段测试。

封堵方法是：取约 5mm 厚的与封堵管道法兰口径相同的橡胶板，按管道连接法兰的孔距打孔，再用金属固定圈和螺栓将橡胶板紧固密封管道接口。密封处理后的接口，按管路气密检查方法，用肥皂水涂刷密封圈边缘，无气泡时即可进行下一步检查。

滤毒式通风管路气密检查分段进行，检测方法与清洁式管路相同。

分段测试阀门漏气量时，漏气量测量结果为该段单个阀门漏气量。

10.3.2 通道密闭性检测

防毒通道，是指由防护密闭门与密闭门之间或两道密闭门之间所构成的，具有通风换气条件，依靠超压排风阻挡毒剂侵入室内的密闭空间。防毒通道设置在战时工程主要出入口，在室外染毒情况下，通道允许人员出入。

密闭通道，是由防护密闭门与密闭门之间或两道密闭门之间所构成的，并仅依靠密闭隔绝作用阻挡毒剂侵入室内的密闭空间。在战时室外染毒情况下，密闭通道不允许人员出入。

防毒通道和密闭通道的气密性关系到工程的整体密闭性能。由于口部通道内密闭门、穿墙管、穿线管较多，因此，防毒通道和密闭通道的气密性检查是很重要的。

防毒通道和密闭通道的气密性检查采用流量法，测试原理如图 10-3 所示。

测试步骤如下：

（1）检查被测防毒通道或密闭通道易出现问题的部位，关闭密闭门，封堵穿墙管线和无用的密闭性测量管；

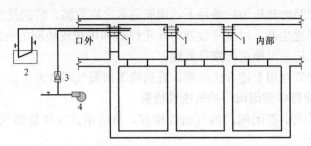

图 10-3　防毒通道（密闭通道）气密性测试原理图

1—气密性测量管；2—微压计；3—流量计；4—空压机（或压缩空气瓶）

（2）将两根测量管通过密闭性测量管伸入被测通道内，其中一根与倾斜式微压计或"U"形压力计的"＋"压端相连；另一根连接转子流量计后，接空压机（或压缩空气瓶）的出气口。

（3）将倾斜式微压计的手柄打到"测量"位置，开动吹尘器或空压机向管路中送气，并调节送气调节阀，使微压计显示 100Pa（约 10mmH$_2$O）的超压；

（4）待超压值稳定后，记下转子流量计流量读数，该流量值即为防毒通道或密闭通道的漏气量。

（5）防毒通道或密闭通道的漏气量不应超过通道容积的 10％。如果漏气量太大，应对漏气部位进行封堵，并重新测量。

10.3.3　工程整体气密性检查

防空地下室必须具有与外界染毒空气隔绝的能力，这就是工程的气密性，也称工程的密闭性。气密性能好的工程，能保证工程外的放射性沾染、生化武器在隔绝防护时间内，渗入到工程内部的量不足以对工程内人员产生危害，从而保证工程内人员的生命安全，因而气密性检测是非常重要的。但由于多数防空地下室有平战转换问题，平时无法实现完全隔绝密闭，因此，除了特殊的工程项目，工程气密性检查通常在工程转换成战时状态时进行。具体步骤如下：

1. 对以下气密性检测易出现问题的部位进行检查：

（1）口部密闭段墙体穿线管、预埋管没有封堵或封堵不密实；

（2）防护密闭门、密闭门关闭不严，门封条变形、脱落等；

（3）排水系统水封井水位高度不够；

（4）防爆地漏关闭不密实或开关受限制；

（5）密闭观察窗漏气；

（6）密闭接线盒漏气；

（7）二次施工缝不密实；

（8）通风系统密闭阀门关闭不严；

（9）自动排气活门关闭不严密；

（10）密闭墙上有未封堵的孔洞。

2. 检查工程超压测量管是否通畅，连接并调试微压差计。

3. 测试人员进入工程，关闭所有与外界相通的所有密闭门、密闭阀门等，工程进入隔绝状态。

4. 开启清洁式进风风机和相应管道上的密闭阀门，调节风量使工程具备 100～200Pa 超压。如果工程内超压达不到 100Pa 以上，说明工程漏风严重，应重复步骤 1，检查整改。

5. 采用发烟法（可用蚊香、香烟等）对整个工程进行渗气点仔细检漏，直至无明显漏气点并能正常超压方为合格。

10.3.4 工程滤毒通风超压检测与调整

超压性能是指滤毒通风时，工程清洁区的空气压力大于工程外的空气压力的一种状态。超压是防止工程外染毒空气在风压和超压作用下，沿工程口部及缝隙渗入工程内的有效措施，也是保证洗消间和防毒通道通风换气的重要保证。

工程超压的方式有两种：即全工程整体超压和口部局部超压。全工程整体超压是要求整个工程的清洁区超压都要达到设计超压值。口部局部超压是要求工程主要出入口防毒通道及洗消间部分超压，达到设计超压值。

1. 工程超压性能检测与调整的步骤

（1）将通风方式转换到滤毒通风方式，测量滤毒进风量，将进风量调至设计值。

由于平时人防工程滤毒设备未与通风管道接通，滤毒通风系统无法运行。因此，平时工程超压检测时，可利用清洁式进风系统替代，即：将清洁式进风系统开启，将进风量调节到滤毒式通风的工程进风量值。

（2）开启滤毒式排风系统对应的管道上的密闭阀门。全工程超压测试时，不启动排风机；局部超压时开启排风机，并根据超压和换气次数要求调整排风量，注意超压排风量不能超过滤毒式进风量。

（3）通过超压测量管及微压计读取工程超压值，调整自动排气活门的重锤位置，调整阀门的启动压力。

（4）当口部排气气流形成后，活门的阻力降低，随着气流速度的增大，排风系统阻力增大，工程维持在一个稳定的超压值上，此时用微压计测量工程的超压值。超压值大于工程设计超压时，超压性能满足要求。

注意此时工程的超压值不等于自动超压排气活门两侧的压力差，而是整个超压排风系统的阻力，其值比活门两侧的压力差大得多。实测证明，在工程气密性检测合格的情况下，工程超压过程很快，一般工程 1min 之内即可达到要求的超压值，活门从开启至全部打开一般只要几十秒钟的时间。

2. 最小防毒通道换气次数测定

（1）选取排风口部最小防毒通道，用钢尺测量最小防毒通道的有效体积 V。一般只计算有效通风换气部分的体积，上部不通风的死区不考虑。

（2）通过进风系统的管道测量工程实际进风量 L_j。

（3）测量最小防毒通道的通风换气量 L_p。可以通过进入或排出该通道的管道进行测量计算。

(4) 计算最小防毒通道换气次数，$K = L_p/V$。最小防毒通道换气次数应满足设计要求。

(5) 计算工程漏风量和漏风率。

工程漏风量＝工程滤毒进风量－防毒通道的超压排风量

工程漏风率＝工程漏风量/工程清洁区总体积×100%

设计中工程漏风率一般要求控制在4%～7%之内。如果工程漏风率过大，应堵漏后重新进行工程气密性检查。

第11章　防空地下室通风系统维护管理

防空地下室维护管理，是指对防空地下室的行政、技术管理和经常性的维护、保养与检修工作，它是工程建设的一项重要的经常性任务，直接关系到工程建设成果的巩固和发展，维护管理的目的是使其处于良好的战备状态，充分发挥人民防空工程的战备效益、社会效益和经济效益。

防空地下室从建成到战时使用，间隔着一段相当长的时间，这段时间是整个工程建设过程的延续，其主要任务就是对工程进行长期的、坚持不懈的、科学的维护和管理，使之不受自然的、人为的各种损坏，确保各种设备设施处于良好的状态。

本章围绕防空地下室战时通风系统的主要设备，介绍定期巡视检查、维护保养的主要内容和要求。

11.1　口部通风管道

11.1.1　口部通风管道巡查要求

（1）口部密闭段风管至少每月巡查 1 次。并做好巡查记录。

（2）检查金属风管、通风短管及金属支吊架锈蚀情况。

（3）检查密闭段风管管道与设备连接情况。

（4）检查口部通风管道、穿墙短管破损、变形情况。

11.1.2　口部通风管道维护保养要求

（1）口部密闭段风管每年至少检修 1 次。有条件的工程，每五年进行 1 次管道气密性检测。

（2）金属风管、通风短管及金属支吊架如有锈蚀，应及时除锈、刷漆。

（3）密闭段风管管道与设备连接应紧密，如发现法兰垫片老化漏风，应更换垫片，法兰垫圈采用整圈无接口密封圈。

（4）口部通风管道、穿墙短管如有破损、变形，应及时维修。

（5）口部通风管道应每五年进行 1 次气密性检测，发现管道漏气问题应及时整改。如管道锈蚀严重或整改仍无法满足要求时，应予以整体更换。管道更换时，采用厚度

2～3mm 钢板焊接制作，焊接连接。管道内外壁防腐，进风口部管道有排除空气凝结水坡度（不小于 0.5%）坡向扩散室。

11.1.3　口部通风管道维护保养标准

(1) 风管无变形破损。

(2) 风管连接牢固、垫片未老化。

(3) 金属风管表面无锈迹，面漆均匀；金属支吊架无锈蚀。

(4) 表面整洁、无灰尘和杂物、风管内无积尘。

(5) 管道整体气密性符合相关规范要求。

11.2　防爆波活门

11.2.1　悬板式防爆波活门巡查要求

(1) 防爆波活门应至少每月巡查 1 次，并做好巡查记录。

(2) 检查活门表面是否有灰尘、油污，标志标牌是否齐全。

(3) 检查活门的外露金属表面的锈蚀、油漆脱落等情况。

(4) 检查防爆波活门板与底座板的接触面及风孔是否污损。

(5) 检查活门底座板闭锁、铰页及其传动机构注油情况。

(6) 检查防爆波活门的零件是否齐全。

(7) 检查防爆波活门上的胶垫、胶管情况。

(8) 检查悬板式防爆波活门活门板的张开角度。

(9) 检查防爆波活门活门板转动或滑动的灵活性。

(10) 检查活门板关闭后与底座板贴合度。

11.2.2　悬板式防爆波活门维护保养要求

(1) 防爆波活门每年应至少检修 1 次，并作好维护保养记录。

(2) 检查防爆波活门的零件，若有缺失，应按设计要求及时更换和配齐。

(3) 检查悬板活动情况，观察其与底座板的贴合是否严密，发现问题及时修理。检查方法是：用手轻压（8～10N）悬板看其活动是否灵活；要求下压时悬板与底座板贴合严密，松开后悬板自动复位与限位座贴合。

(4) 活门板及金属外露部位及闭锁铰页等活动部件表面的油漆层应保持良好，期间如局部漆层剥落，应补涂油漆。防爆波活门除锈涂漆时应将活门板卸下作业，以便除锈干净，涂漆全面。装卸时不得用铁锤直接敲打。

(5) 防爆波活门板与底座的接触面及风孔应保持清洁，擦拭活门表面，如沾有油污烟灰，应清除干净。

(6) 防爆波活门的缓冲胶垫局部出现脱落，应及时粘贴，若出现老化或出现裂缝，应按设计要求及时更换。胶垫上不允许有油和漆等物质，可以涂上滑石粉。

11.2.3　悬板式防爆波活门维护保养质量标准

（1）活门悬板、底座、底框或门式活门的门框完整，零件齐全。

（2）活门外露金属表面无锈蚀，面漆均匀，无起泡、剥离现象。

（3）通风孔无堵塞，运动件的孔、轴等部位注油饱满，油质符合要求。

（4）悬板等运动件关闭时与底座贴合紧密，无外力作用时自动复位，门式活门启闭灵活、运转轻便。

（5）缓冲胶垫粘贴牢固、平整，胶垫无老化，起鼓翘角、开裂等现象。

（6）产品标牌齐全，表面整洁。

11.2.4　胶管式防爆波活门维护保养

（1）胶管式防爆波活门至少每年检修1次。做好维护保养记录。

（2）活门门扇保持清洁，不允许沾有油和漆等杂物，活门门扇与门框应保持贴合紧密，闭锁机构应转动灵活。

（3）门扇上的胶管出现松动应及时紧箍，若老化或出现裂缝，应及时更换。

（4）门扇表面应保持良好的油漆层，如局部漆层剥落，应补涂油漆。

11.2.5　防爆波活门维护保养操作方法

1. 防爆波活门门板转动不灵活，应调整下列各项内容：

（1）铰页轴与铰页座锈蚀，应除锈、清洗和涂油。

（2）悬摆式活门的铰页轴不同心，应调整铰页及其垫片。

（3）悬板下边缘与限位器卡阻，应调整限位器位置。

2. 防爆波活门板关闭后与底座板贴合不严密，应按下列方法排除：

（1）活门板与底座板的接触面若有杂物，应予清除；胶板若隆起、脱落、变形、老化，应及时修复或更换；

（2）活门板若有变形，应卸下校平；若变形较大且无法校正，应按设计要求及时更换；

（3）铰页座高度不当，应调整铰页座的垫片厚度；

（4）门式悬摆活门，关闭后闭锁装置不能将其关紧或锁住，可在闭锁装置轴上增加或减少垫片来调整，调整后，活动部位要加注润滑油。

11.3　油网滤尘器

11.3.1　油网滤尘器维护巡查要求

（1）油网滤尘器至少每月至巡查1次，并做好巡查记录。

（2）检查滤尘器的外框、加固栅、固定边框的零部件等的锈蚀情况。

（3）检查油网滤尘器的铁丝网、边框等的损坏情况。

（4）检查油网滤尘器积尘情况。

（5）检测油网滤尘器前后压差。

11.3.2　油网滤尘器维护保养要求

（1）油网滤尘器维护保养每半年至少进行1次，并做好维护管理资料记录。

（2）检查油网滤尘器的过滤丝网、外框、固定件及阻力测量管等，部件应完整齐全、固定牢固。有缺失应及时修补，有松动应及时紧固。油槽中有杂物应及时清理。

（3）油网滤尘器应定期刷油，防止锈蚀。过滤丝网生锈应及时更换，外框、固定件及阻力测量管生锈，应先除锈，刷两道防锈漆、两道面漆，保证漆面均匀。

（4）若发现油网滤尘器积尘过多，或通风阻力达到油网滤尘器终阻力时，应及时拆下清洗并重新浸油。重新安装油网滤尘器时，应将金属网眼大的一侧置于进风侧，并固定牢固。

（5）对管式安装的油网滤尘器，如果外壳和盖板连接处的密封垫破损应更换，安装时用螺丝均匀地把盖板固定在外壳上，以免产生缝隙。

11.3.3　油网滤尘器维护保养标准

（1）除尘器外壳、过滤网、固定件、阻力测量管齐全。

（2）除尘器外壳、过滤网、固定件、阻力测量管等部件金属表面无锈迹，面漆均匀。

（3）过滤网刷油均匀，油质符合要求。

（4）过滤网安装方向正确、固定牢固，集油槽内清洁无杂物。

（5）过滤器与外壳及框架之间安装紧密不漏气。

（6）油网滤尘器气流通畅，通风阻力不超过设计要求。

（7）产品标识齐全，表面整洁。

11.3.4　油网滤尘器清洗维护操作方法

（1）对于墙壁式安装的油网滤尘器，将每块油网滤尘器从支架上拆下；对于管道式安装的油网滤尘器，打开侧面盖板螺丝，将油网滤尘器抽出。

（2）将金属过滤网从内框铁壳上拆下，按滤层顺序摆放。

（3）用含碱10%、水温60～70℃的水溶液洗去每一片滤网上的油污，再用清水冲净晾干。

（4）将金属网按顺序装入内框后，浸上黏性油（10号或20号机油），净淋3～5min。

（5）按孔眼大的一侧位于进风侧的方向，将油网滤尘器安装到滤尘器的框架内。管式安装的滤尘器，安装到管匣内，盖好侧面盖板，均匀锁紧螺丝。

11.4 过滤吸收器

11.4.1 过滤吸收器巡查要求

（1）过滤吸收器至少每月巡查 1 次，并做好巡查记录。

（2）查过滤吸收器的外观，查看外壳有无碰伤、穿孔，螺钉、连接件有无锈蚀等情况。

（3）检查过滤吸收器是否超过有效使用年限。

（4）检查橡胶垫圈的损坏和老化情况。

（5）检查设备的安装情况。

11.4.2 过滤吸收器维护保养要求

（1）过滤吸收器每半年维护保养 1 次，并做好维护管理资料记录。每隔 5 年，应在有关部门的指导下对已安装的过滤吸收器的性能进行检测评估，达不到使用要求的必须进行更换。

（2）平时严禁打开过滤吸收器两端的进、出口封堵板，保持密封，以免受潮失效。在平战转换时再打开封堵板，与管道连接。

（3）定期对过滤吸收器及其支架进行擦拭、除锈、补漆。滤毒室内要保持整洁、干燥，过滤吸收器不能与酸碱、消毒剂和燃料等共同存放。当滤毒室内相对湿度大于75％时，应采取除湿措施，防止过滤吸收器受潮、生锈。

（4）各种配件（如连接橡胶短管、卡箍等）均应齐全，放置有序，保持完好；如有老化、失效应及时更新。

（5）过滤吸收器外壳有大的碰伤、穿孔，或两端的密封板破损，必须由专业部门对过滤吸收器的性能进行检测评估，达不到使用要求的必须进行更换。

11.4.3 过滤吸收器维护保养标准

（1）过滤吸收器外壳、过滤吸收器两端密封盖、橡胶软管、卡箍、法兰、支架等齐全。

（2）过滤吸收器外壳、法兰、支架等部件外露金属表面无锈迹，面漆均匀。

（3）过滤吸收器密封性完好，在保质期内。

（4）滤毒室内干燥整洁，未堆放杂物。

（5）产品标识齐全，表面整洁。

11.5 密闭阀门

11.5.1 密闭阀门巡查要求

（1）密闭阀门至少每月巡查 1 次，并做好巡查记录。

（2）检查阀门壳体、阀门板表面、壳体密封面及阀门其他金属表面的锈蚀情况。

（3）检查橡胶密封圈损坏、老化情况。

（4）检查弹簧和填料。

（5）检查润滑油、减速器的锁紧装置、螺栓的螺丝磨损情况。

11.5.2　密闭阀门维护保养要求

（1）密闭阀门至少每半年维护保养1次，每五年1次全面检修。做好维护管理资料记录。

（2）检查密闭阀门的完整性，其阀体、操作手柄、锁紧装置等部件不得缺失。

（3）擦拭阀门的灰尘，保持阀体、操作手柄干净。

（4）检查阀门与管道连接是否紧密、牢固，若有漏气情况，应及时更换垫片，紧固螺丝。

（5）油杯中应注满钙基脂，运动部件涂满钙基脂，以保证部件润滑和防止锈蚀。阀体及配件若有锈蚀，应及时除锈刷漆。应先除锈，刷两道防锈漆、两道面漆，保证漆面均匀。

（6）检查时，开关阀门1~2次，检查手柄、阀板等部件的关闭开启情况，若运行时有异常噪声、开关不灵活等应及时维修。

（7）手电动两用应定期检查控制线路、开关箱、电动机等部件的绝缘性能。除手动操作外，还应实施电动运行操作，以便检查阀门是否能正常电动开、关到位，有无异常杂声。重点检查电控元器件的受潮或失控现象，发现问题应及时修复或更换。

（8）密闭阀门的全面检修。在完成以上维护保养的项目的基础上，再检查密封面橡胶老化的程度、锁紧弹簧的功效、阀门内部及阀板表面锈蚀情况。有锈蚀应及时除锈刷漆，更换老化的密封橡胶圈、润滑油、失效或损坏的零部件；必要时拆卸减速器，检查内部齿轮、轴承的磨损情况，并按实际需要进行修复或更换。

（9）全面检修后，应与口部通风管道一起进行密闭性能检测。经检修维护仍达不到性能要求的，应进行报废更换。

11.5.3　密闭阀门维护保养标准

（1）密闭阀门、手柄、电动装置、闭锁装置等部件齐全、安装牢固。

（2）密闭阀门、手柄、电动装置等部件以及阀门支吊架表面无锈迹，面漆均匀。

（3）密闭阀门运动部件的孔、轴等部位注油饱满。

（4）密闭阀手动启闭灵活、手柄运转轻便，手电动两用密闭阀门电动启闭正常。

（5）阀板位置与指示位置一致，密闭阀门关闭严密。阀门密闭性能达到设计要求。

（6）产品标识齐全，表面整洁。

11.6　超压排气活门

11.6.1　排气活门巡查要求

（1）排气活门每月应至少巡查1次，并做好巡查记录。

（2）检查排气活门的零部件是否完好，标志标牌是否齐全。

　　（3）检查排气活门各部件是否有灰尘、油污。

　　（4）检查排气活门外壳、活盘、杠杆与重锤等金属部件的锈蚀情况。

　　（5）检查活盘启闭灵活性，阀门的灵敏度。

　　（6）检查密封圈损坏、老化情况。

11.6.2　排气活门维护保养要求

　　（1）排气活门维护保养应每年至少进行1次，并做好维护保养记录。

　　（2）检查排气活门的完整性，其外壳、活盘、杠杆、重锤、绊闩等部件如有缺失时应及时修补。

　　（3）擦拭活门各部件上的灰尘、油污，保持超压排气活门清洁。清除阀门腔内及密封面的污垢。

　　（4）检查金属表面，如有锈蚀，应及时除锈刷漆。在杠杆、重锤等活动部件处涂上黄油，以防金属部件锈蚀。

　　（5）检查活盘启闭灵活性，紧固松动的销子、螺栓等连接件，更换老化的密封橡胶密封圈和失效的弹簧、填料等，检查重锤调节是否灵活，绊闩的连接无松动或脱落，对有问题的零部件进行拆卸、清洗，更换老化或损坏的零部件。

　　（6）有条件的工程，排气活门更换重要部件后，或每五年应进行活门的超压和密闭性能检测调整，该项检测结合工程整体气密性和超压测试进行。

　　（7）经维护检修测试后，其启闭灵活性、密闭性仍达不到要求的，应进行报废更换。

11.6.3　排气活门维护保养标准

　　（1）排气活门外壳、活盘、杠杆、绊闩和重锤等部件齐全，阀体和部件安装牢固。

　　（2）排气活门外壳、活盘、杠杆、绊闩和重锤等部件外露金属表面无锈迹，面漆均匀。

　　（3）排气活门密闭性能完好。

　　（4）排气活门启闭灵活，无超压时应能自动关闭。

　　（5）产品标识齐全，表面整洁。

11.7　口部测量管、超压测量装置

11.7.1　口部测量管、取样管巡查要求

　　（1）口部测量管、取样管，包括放射性取样管、尾气取样管、阻力测量管、增压管、气密性测量管等，应至少月巡查1次。并做好巡查记录。

　　（2）查测量管、取样管是否畅通，有无锈蚀。

　　（3）检查测量管、取样管与测压计的连接软管有无老化，连接是否紧密。

（4）检查测量管、取样管装置上的阀门开关是否灵活，是否漏气。

（5）校验测压计。

11.7.2 口部测量管、取样管维护保养要求

（1）口部测量管、取样管，包括放射性取样管、尾气取样管、阻力测量管、增压管、气密性测量管等，应至少每半年检查维修 1 次。做好维护管理资料记录。

（2）口部各类测量管、取样管及配件应齐全，连接紧密、固定牢固。

（3）口部各类测量管、取样管及配件应无锈蚀，如有锈蚀应先除锈，再涂两道防锈漆、两道面漆。

（4）放射性取样管、尾气取样管、阻力测量管、增压管管道上的阀门开关灵活，关闭紧密，与通风管道焊接部位密闭不漏气。

11.7.3 超压测量装置维护保养要求

（1）超压测量装置每半年维护保养 1 次。做好维护管理资料记录。

（2）超压测试管、测量装置、阀门、软管等应齐全。

（3）挂墙的测量装置（如 U 形管测压计等）安装牢固，桌面式测量装置（如微压差计）摆放平稳。

（4）超压测试管内外通畅、管内无杂物，中途不漏气，阀门关闭严密。

（5）超压测试管及附件无锈蚀，软管应定期更换。

11.8 风机（含人力、电动两用风机）

11.8.1 通风机的巡查要求

（1）通风机至少每月巡查 1 次，并做好巡查记录。

（2）通风机每月定期开机运行 1 次，观察风机运转是否正常。

（3）检查风机表面是否清洁；风机在使用运行过程中，观察其响声，温度（包括电机、轴承箱、减速箱）；检查安全接地情况。

（4）检查通风机进、出风口的软连接是否松动，软接头是否老化，有无漏风现象。

（5）对于人力、电动两用风机，检查齿轮、变速箱、离合器、支架、手摇柄、脚踏传动齿轮盘、链条等是否齐全，表面清洁。

11.8.2 通风机的维护保养要求

（1）通风机每三个月应维护保养、启动检查 1 次，每三年进行一次全面性能检测，并填写检修记录。

（2）风机外壳、联轴器、传动皮带、软接、轴承等各部件应齐全，安装牢固，若有松动、变形等现象应及时修理。

（3）检查润滑油情况，及时增补润滑油。

（4）风机金属表面有锈蚀时应先除锈，再刷防锈漆和面漆，保证漆面均匀。

（5）风机的安全检查。风机的叶轮和传动皮带会对人造成伤害，应要求所有的外露传动皮带有保护盒，外露的风机叶轮应有保护罩，保护盒（罩）破损，须及时修复，以防对人造成伤害。

（6）通风机启动运行前，应检查通风机固定是否牢固、各部件有无损坏、联轴器连接是否牢固或是皮带连接的松紧程度是否合适、轴承或齿轮箱中的润滑油是否足够等，检查没有问题后方可上电运行。

（7）风机启动时特别注意其响声，若有异常声响必须停机检查叶轮与机壳之间有无摩擦或杂物，排除后才可再启动。

（8）每台风机至少上电运行 1h。若电动机、轴承的温度过高（一般不超过 65℃），或风机运转有异常声音或震动，应立即停车检查修理。

（9）应按本规程电专业的相关要求，对风机的电控箱及电机进行维护管理。

（10）每三年进行一次全面检测，测试风机的风量和风压，如检修后性能仍不能达到设计要求，应进行更换。

11.8.3　人力、电动两用通风机维护保养

（1）检查齿轮、变速箱、离合器、支架、手摇柄或脚踏传动装置及配件完整。

（2）检查维护由链轮、链条组成的传动装置，如链条长短不合适应进行调整。

（3）检测主动链轮与被动链轮是否在一个平面上。

（4）链条和链轮齿是否缺油。

（5）人力、电动切换操作正确，人力（手摇或脚踏）运行正常。

（6）检查维护电动运行部件及功能。

11.8.4　通风机管维护保养标准

（1）通风机、电动机、离合器、手摇把或脚踏车和连接管道等部件齐全、安装牢固。

（2）通风机、电动机、离合器、手摇把或脚踏车和连接管道等外露金属表面无锈迹，面漆均匀。

（3）通风机工作正常，通风机运行无异常杂音和振动、轴承温度正常。

（4）通风机轴承、手摇把或脚踏车轴承、离合器、链条等运转部件定期加润滑油。

（5）产品标识齐全，表面整洁。

参 考 文 献

[1] 耿世彬 等. 全国人防防护工程师职业资格考试系列指导用书—暖通专业 [M]. 南京：全国人防防护工程师培训考试中心. 2014.

[2] 耿世彬 等. 人防工程通风系统与设备 [M]. 北京：军事科学出版社. 2012.

[3] 马吉民 等. 人防工程通风空调设计 [M]. 北京：中国计划出版社. 2006.

[4] 耿世彬 等. 防护工程通风 [M]. 北京：解放军出版社，2000.

[5] 中华人民共和国建设部，中华人民共和国国家质量监督检验检疫总局. 人民防空地下室设计规范：GB 50028—2005 [S]. 北京：中国建筑标准设计研究院，2005.

[6] 国家人民防空办公室. 人民防空工程防化设计规范 RFJ 013—2010 [S]. 北京：防化研究院第一研究所（限内部发行），2010.

[7] 北京市质量技术监督局. 人防防空工程战时通风系统验收技术规程：DB11/T 1518—2018 [S]. 北京：北京市民防局，2018.

[8] 中华人民共和国住房与城乡建设部，中华人民共和国国家质量监督检验检疫总局. 人民防空工程设计防火规范：GB 50098—2009 [S]. 北京：中国计划出版社，2009.

[9] 中华人民共和国建设部，中华人民共和国国家质量监督检验检疫总局. 人民防空工程施工与验收标准 GB 50134—2004 [S]. 北京：中国计划出版社，2004.

[10] 中国建筑标准设计研究院. 防空地下室施工图设计深度要求及图样 GJBT 1047—08FJ06 [S]. 北京：中国计划出版社，2008.

[11] 国家人民防空办公室. 人民防空地下室施工图设计文件审查要点 RFJ 06—2008 [S]. 北京：国家人民防空办公室（限内部发行），2008.